激光精微制造应用技术

明兴祖 周 贤 刘克非 著

科学出版社

北 京

内 容 简 介

本书系统阐述了激光精微制造应用技术的加工机理、方法与工艺，介绍了该应用领域内一些创新性的研究成果，主要内容包括：激光精微制造应用技术概述、激光加工前工序的面齿轮高速准干切削机理及工艺、螺旋锥齿轮的脉冲激光精微修正机理与工艺、面齿轮的飞秒激光烧蚀特征及精微加工工艺、微结构 FBG 的飞秒激光加工应用技术等。

本书可作为高等学校机械制造及其自动化、机电工程等专业本科生选修课、研究生课程的教学用书，也可作为曲面零件及齿轮的激光精微制造、微结构 FBG 光纤的激光微加工等方面工程技术人员和科研人员的参考书。

图书在版编目(CIP)数据

激光精微制造应用技术 / 明兴祖，周贤，刘克非著. —北京：科学出版社，2022.8

ISBN 978-7-03-072461-8

Ⅰ. ①激… Ⅱ. ①明… ②周… ③刘… Ⅲ. ①激光加工-超精加工-研究 Ⅳ. ①TG665 ②TG506.9

中国版本图书馆CIP数据核字(2022)第097600号

责任编辑：陈 婕 李 策 / 责任校对：任苗苗
责任印制：吴兆东 / 封面设计：蓝正设计

科 学 出 版 社 出版
北京东黄城根北街 16 号
邮政编码：100717
http://www.sciencep.com

北京中石油彩色印刷有限责任公司 印刷
科学出版社发行 各地新华书店经销

*

2022 年 8 月第 一 版 开本：720 × 1000 1/16
2023 年 8 月第二次印刷 印张：12 3/4
字数：252 000
定价：98.00 元
(如有印装质量问题，我社负责调换)

前　言

激光精微制造是一种先进的特种加工技术，已逐步广泛应用于包括螺旋锥齿轮和面齿轮的点接触共轭曲面齿轮以及微结构光纤布拉格光栅(fiber Bragg grating, FBG)传感器等领域。

点接触共轭曲面齿轮是实现空间相交或交错传动的关键件，其具有重合度大、承载能力强、高速传动平稳等诸多优势，在交通运输、大型装备、航空航天、工程机械等领域具有广阔的应用前景。点接触共轭曲面齿轮的齿形复杂，加工技术要求高，制造困难。国外于 20 世纪 40 年代开始研究点接触共轭曲面齿轮，美国 Gleason 公司逐步发展并完善了该齿轮的制造技术，提出了 Gleason 接触原理。由于国外就数控精密加工设备和曲面齿轮先进制造技术对我国进行封锁，国内学者不得不于 20 世纪 70 年代初开始自行研究点接触共轭曲面齿轮，但目前仍采用传统机械加工，设备调整困难，加工效率和精度较低，加工成本高，因此需要探索研究新的加工理论、方法和工艺。激光加工具有加工区域精确、可精密加工材料种类全等突出特点，采用激光精微制造技术加工点接触共轭曲面齿轮，对提高齿轮的加工质量、降低制造成本、促进广泛工程应用具有重要意义。

FBG 传感器主要用于应力与温度测量，已在桥梁监测、隧道与油罐火灾报警等领域广泛应用。光纤传感器的核心材料为 FBG，而微结构 FBG 制备的主要方法是飞秒激光加工，该方法可以实现超高分辨率、纳米尺度的加工，产生的热影响区小，能克服等离子体屏蔽，具有优良的加工特性，在微加工领域得到了飞速发展。

作者从 2014 年开始对点接触共轭曲面齿轮的机械加工、激光精微加工以及微结构光纤飞秒激光制备进行探索，通过 18 余项课题的研究发表了 70 余项相关论文和专利成果，并结合长期讲授研究生课程内容所累积的经验，将相关应用技术系统地总结于本书中。全书共 5 章，第 1 章概述国内外激光精微制造应用技术的研究进展，第 2 章介绍激光加工前工序的面齿轮高速准干切削机理及工艺，第 3 章和第 4 章分别讨论螺旋锥齿轮的脉冲激光精微修正机理与工艺、面齿轮的飞秒激光烧蚀特征及精微加工工艺，第 5 章介绍微结构 FBG 的飞秒激光加工应用技术。全书由湖北文理学院特聘教授明兴祖主笔，由湖北文理学院周贤博士和刘克非教授对各章节内容进行修改和完善。

在本书完成的过程中，作者得到了王红阳、肖勇波、金磊、申警卫、林嘉剑、李学坤、马玉龙、赖名涛、樊滨瑞、徐海军、贾松权、方曙光、高钦、李楚莹、吴陶、袁磊等研究生的大力帮助，在此表示感谢。另外，本书的出版也得到了华中科技大学机械科学与工程学院的熊良才副教授，武汉飞能达激光技术有限公司的董事长曾晓雁教授、刘浩总监，华中科技大学武汉光电国家实验室的熊伟教授，株洲齿轮有限责任公司的潘晓东总经理、文贵华高级主任工程师，株洲新时代输送机械有限公司的陈英董事长、张智洪总经理、盛军总工程师，广东东莞市彼联机械科技有限公司的张凌峰总经理等的大力支持，在此一并表示感谢。

本书研究内容得到了以下基金项目的支持：国家自然科学基金面上项目"点接触共轭曲面齿轮的飞秒激光精微修正齿面形性控制机制与方法研究"（51975192）、"基于使用性能驱动的面齿轮磨削表面多尺度创成原理与关键技术研究"（51375161）、"仿生结构气敏光栅的大幅增敏机制及在氢泄漏监测中的应用研究"（61475121）、"螺旋锥齿轮高速干切削机理及切削/刀具参数优化"（50975291），国家科技重大专项"高档数控机床与基础制造装备"项目"汉川机床采用国产数控系统加工大型机床零件应用示范工程"（2012ZX04011-011），973计划项目"高性能复杂曲面数字化精密加工的新原理和新方法"（2005CB724104），湖北省自然科学基金面上项目"面齿轮高速准干切削机理及工艺优化研究"（2019CFB632），湖北省教育厅科研计划项目"螺旋锥齿轮高速准干切削机理研究"（B2019143），湖北省高等学校优秀中青年科技创新团队项目"汽车零部件精密加工与数控装备技术"（T201919），湖南省自然科学基金面上项目"飞秒激光精微修正面齿轮加工机理与工艺优化研究"（2021JJ30214）、"激光修整青铜金刚石砂轮热属性及表面质量控制研究"（2019JJ40075）、"螺旋锥齿轮数控磨削机理及表面性能生成规律研究"（11JJ3055），湖南省自然科学省市联合基金项目"异种轻质金属焊接接头疲劳失效能量耗散机制及跨尺度损伤模型"（2021JJ50042），湖南省高等学校科学研究重点项目"基于多物理场耦合的螺旋锥齿轮磨削表面质量与工艺优化研究"（11A028），"机电汽车"湖北省优势特色学科群开放基金项目"飞秒激光精微修正面齿轮加工机理与工艺优化研究"（XKQ2021044）、"石墨烯微纳光纤氢气传感研究"（XKQ2021050）、"高速齿轮减振降噪机理研究"（XKQ2021043），湖北文理学院学科开放基金项目"复杂曲面齿轮的飞秒激光精微加工机理与工艺研究"（XK2020001）。

限于作者的水平和经验，书中难免有不足之处，恳请广大读者批评指正。

明兴祖 周 贤 刘克非

2022年1月

目　　录

第1章　激光精微制造应用技术概述

1.1　点接触共轭曲面齿轮制造应用技术概况

1.1.1　点接触共轭曲面齿轮的分类、特点与加工工艺流程

点接触共轭曲面是指两运动曲面在任意时间都按啮合方程在接触线上的某一点相切接触。点接触共轭曲面齿轮主要有螺旋锥齿轮和面齿轮两类，它们的分类、特点与加工工艺流程介绍如下。

1. 螺旋锥齿轮的分类与特点

螺旋锥齿轮用来传递相交轴或偏置轴之间的回转运动，可按多种方式分类。根据齿面节线不同，螺旋锥齿轮可分为弧齿锥齿轮、延伸外摆线锥齿轮；根据主动轮与从动轮的轴线相互位置不同，螺旋锥齿轮可分为正交锥齿轮、偏置锥齿轮（准双曲面齿轮）；按齿制不同，螺旋锥齿轮可分为 Gleason 制锥齿轮、Oerlikon 制锥齿轮、Klingelnberg 制锥齿轮。由于目前瑞士 Oerlikon 公司已归属于美国 Gleason 公司，所以 Gleason 制锥齿轮在各国广泛应用[1]。

螺旋锥齿轮与直齿锥齿轮相比，具有如下特点[1]：

(1)增大了接触传动比，即重叠系数。由于螺旋锥齿轮的齿线是曲线形的，齿轮在传动过程中至少有两个齿同时参与接触，即在啮合过程中存在重叠交替接触，所以这种结构减轻了冲击与振动，提高了传动平稳性，降低了噪声。

(2)因存在螺旋角而增大了重叠系数，降低了负荷比压，使磨损更加均匀，提高了齿轮的承载能力和使用寿命。

(3)其齿面研磨使齿面更加光顺，可通过调整加工齿轮的刀盘半径，利用齿线曲率修正接触区的位置，以改善接触区和齿面粗糙度。

(4)可实现较大的传动比，小轮的齿数可以少至五个齿。

由于螺旋锥齿轮具有上述优势，所以广泛应用于汽车、工程机械、航空、航海等领域的大功率机械传动。

2. 面齿轮的分类与特点

面齿轮是与圆柱齿轮啮合、实现空间相交或交错传动的齿轮。面齿轮根据轮齿方向的不同，可分为直齿面齿轮、斜齿面齿轮和弧齿(弧线齿、渐开弧)面齿轮三种类型；根据两个传动轴之间的相互位置关系，可分为相交轴面齿轮和偏置轴

面齿轮[1]。

与锥齿轮相比，面齿轮具有如下特点[2]：

（1）面齿轮传动的小轮为渐开线圆柱齿轮，其传动互换性好；啮合副啮合的公法线相同，作用力方向不变，啮合时无轴向载荷，可简化支撑结构，减轻重量。而锥齿轮传动中有轴向载荷，支撑结构复杂、体积较大。

（2）锥齿轮的传动比在一定范围内变化，而面齿轮的传动比恒定，使得其传动振动较小，噪声较低。

（3）安装误差对面齿轮传动的影响较小，无须对面齿轮进行防错位设计，安装方便；而锥齿轮传动中轴向位置误差将引起严重偏载，必须进行防错位设计。

（4）面齿轮传动比锥齿轮传动具有较大的重合度，面齿轮传动空载时重合度可达 1.6～1.8，承载时重合度会进一步增大，提高了承载能力，增强了传动平稳性。

（5）面齿轮副加工过程中，不同面齿轮的加工刀具参数不同，因此会增加刀具数量，提高加工成本；面齿轮在内径处易产生根切，在外径处齿顶会变尖，面齿轮的齿宽不能设计得过大，从而影响面齿轮的承载能力。对于锥齿轮副，必须配对加工和使用，其检测与维修复杂。

由于面齿轮具有上述优势，所以也广泛应用于航空航天、交通运输、能源装备、工程机械等领域。

3. 点接触共轭曲面齿轮的加工工艺流程

1）螺旋锥齿轮材料及其加工工艺流程

螺旋锥齿轮副常用的材料有 20CrMnTi、20CrMoTi、20CrMnMo、17CrNiMo6 等合金钢，其中 20CrMnTi 是一种中淬透性合金渗碳钢，在齿轮制造中应用较普遍[3]。本节选用的螺旋锥齿轮材料为 20CrMnTi，其化学成分如表 1.1 所示。弧齿锥齿轮大轮设计参数如表 1.2 所示。

表 1.1　螺旋锥齿轮材料 20CrMnTi 的化学成分

化学成分	C	Cr	Mn	Si	P	S	Ti
质量分数/%	0.20	1.10	0.91	0.27	0.015	0.009	0.09

表 1.2　弧齿锥齿轮大轮设计参数

参数	数值	参数	数值
齿数	46（左旋）	节锥距/mm	170.2828
模数/mm	8.22	节锥角/(°)	71.9395
节圆直径/mm	378.12	根锥角/(°)	68.6585
螺旋角/(°)	35	齿面宽/mm	57.15
压力角/(°)	20	齿根高/mm	11.4

续表

参数	数值	参数	数值
外锥距/mm	198.8578	齿顶高/mm	4.12

以某弧齿锥齿轮为例，其一般加工工艺流程方案有如下三种。

方案（1）：下料→毛坯锻造→正火→车→粗铣、半精铣（也可高速铣齿，留磨量）→渗碳、淬火＋回火→磨齿→全检→入仓。

方案（2）：下料→毛坯锻造→正火→车→粗铣、半精铣→渗碳、淬火＋回火→高速精铣齿→全检→入仓。

方案（3）：下料→毛坯锻造→正火→车→粗铣、半精铣→渗碳、淬火＋回火→高速精铣齿→齿面测量→激光精修→全检→入仓。

各项热处理工艺过程与技术要求如下。

（1）正火：温度 900℃，均温 3.5h，空冷。

（2）渗碳、淬火：渗碳炉内温度 930℃，介质为煤油，降至 880℃后，出炉缓冷，渗碳层深度为 1.1～1.5mm；淬火温度 880℃，均温 2.5h，油冷；低温回火，回火炉温度 160℃，均温 2h，空冷。

（3）回火：温度 160℃，均温 3h。

（4）全检时螺旋锥齿轮精度和粗糙度达到规定要求，有效硬化层深 0.8～1.2mm，齿面硬度 58～62HRC，心部硬度 30～42HRC。

方案（3）在全检工序前安排了齿面测量工序，以确定激光精修时的厚度，再通过激光精修工序来提高螺旋锥齿轮精度。按照表 1.2 和方案（3）加工的弧齿锥齿轮大轮加工试件如图 1.1 所示。

图 1.1　弧齿锥齿轮大轮加工试件

2）面齿轮材料及其精微加工工艺流程

面齿轮常用的材料有 18Cr2Ni4WA、9310、12Cr2Ni4A、12CrNi3A、17CrNiMo6 等钢，其中 18Cr2Ni4WA 是一种优质渗碳钢，具有强度高、淬透性好、韧性高等优点，它既可以在渗碳淬火状态下使用，也可以在调质状态下使用，多用于制造军工中齿轮、齿圈、轴类等承受重载的零件[4]。本节选用的面齿轮材料为 18Cr2Ni4WA，其化学成分如表 1.3 所示，正交面齿轮传动设计参数如表 1.4 所示。

表 1.3　面齿轮材料 18Cr2Ni4WA 的化学成分

化学成分	C	Cr	Ni	W	Si	Mn
质量分数/%	0.18	1.5	4.25	0.8	0.27	0.4

表 1.4　正交面齿轮传动设计参数

参数	数值	参数	数值
面齿轮齿数	60	轴交角/(°)	90
小齿轮数	23	面齿轮外半径/mm	120
插刀齿数	25	面齿轮内半径/mm	102.5
模数/mm	3.5	齿宽/mm	17.5
压力角/(°)	20	齿轮螺旋角/(°)	0
小轮齿顶系数	1	总重合度/mm	1
小轮齿根系数	1.25	—	—

以某正交面齿轮为例，其一般加工工艺流程方案有如下三种。

方案(1)：来料→下料→数控(computer numerical control, CNC)车→CNC 铣 1→去应力→CNC 铣 2→渗碳、淬火 + 回火→喷砂→磨面→线切割→CNC 车外径→精磨齿→全检→入仓。

方案(2)：来料→下料→CNC 车→CNC 铣 1→去应力→CNC 铣 2→渗碳、淬火 + 回火→喷砂→磨面→线切割→CNC 车外径→高速精铣 3→精磨齿→全检→入仓。

方案(3)：来料→下料→CNC 车→CNC 铣 1→去应力→CNC 铣 2→渗碳、淬火 + 回火→喷砂→磨面→线切割→CNC 车外径→高速精铣 3→齿面测量→激光精修→全检→入仓。

各项热处理工艺过程与技术要求如下。

(1)正火：温度 900℃，均温 3.5h，空冷。

(2)渗碳、淬火：碳势 0.7，渗碳炉内温度 930℃，保温 7h；淬火温度 840℃，均温 2h，油冷；回火温度 180℃，均温 3h；渗碳层深度为 1.1~1.5mm。

(3)全检时面齿轮精度和粗糙度达到规定要求，有效硬化层深 0.8~1.2mm，齿面硬度 56~63HRC，心部硬度 30~42HRC。

方案(3)在全检工序前安排了齿面测量工序，以确定激光精修时的厚度，再通过激光精修工序来提高面齿轮精度。按照表 1.4 和方案(3)加工的正交面齿轮加工试件如图 1.2 所示。

图 1.2　正交面齿轮加工试件

1.1.2　点接触共轭曲面齿轮加工技术发展状况

1. 点接触共轭曲面齿轮的制造理论与技术研究综述

国外于 20 世纪 40 年代开始研究点接触共轭曲面齿轮。螺旋锥齿轮切齿理论主要有局部共轭原理和局部综合法。20 世纪 60 年代开始，美国 Gleason 公司的螺旋锥齿轮生产技术逐步发展完善，采用局部共轭原理进行 Gleason 制锥齿轮的切齿计算法，包括 SGM、SGT、SFM、SFT、HGM、HGT、HFM、HFT 等(三个字母中第一个字母表示被加工齿轮的类型，"S""H"分别表示被加工齿轮为弧齿锥齿轮(spiral bevel gear)、准双曲面齿轮(hypoid gear)；第二个字母表示大轮的加工方法，"G""F"分别表示大轮用展成(generate)法、成形(formate)法加工；第三个字母表示小轮的加工方法，"T""M"分别表示小轮用刀倾(tilt)法、变性(modified roll)法加工。Litvin 等[5]基于局部综合法研究了用成形法加工准双曲面齿轮的机床调整计算，提出了一种新的成形法，该方法用以大轮的设计与制造、齿面接触分析以及强度分析。我国于 20 世纪 70 年代初开始研究螺旋锥齿轮。吴训成等[6]提出了面向五轴联动 CNC 锥齿轮机床的切齿加工基本理论，给出了根据齿面设计参数确定机床切齿加工参数的具体方法。王志永等[7]在 1999 年自主开发了面向螺旋锥齿轮制造的六轴五联动数控铣齿机，在 2002 年后试制了七轴五联动数控磨齿机，在 2008 年制造出了当时世界上最大规格的螺旋锥齿轮磨齿机。邓效忠等[8]提出了在四轴四联动机床上加工螺旋锥齿轮的切齿调整计算方法。对于螺旋锥齿轮的加工精度，美国 Gleason 公司磨齿机加工可达 2 级精度，而目前国内螺旋锥齿轮磨削仅能达到 4 级精度左右，这说明我国螺旋锥齿轮的加工设备和制造技术水平与国外相比还有较大差距。

国外对面齿轮的研究始于 20 世纪 40 年代。1992 年，Litvin 等[5]建立了面齿轮磨削加工理论，研究了应用于高速、重载传动领域中的点接触面齿轮，发明了磨削面齿轮的专用蜗杆砂轮，并获得美国专利。美国国家航空航天局(National Aeronautics and Space Administration, NASA)与一些直升机公司多采用先插齿后磨齿的制造工艺。荷兰 Crown Gear 公司提出了用数控滚齿和数控磨齿来加工面齿轮的方法，经数控磨齿后的面齿轮加工精度可达 AGMA11～12 级。美国 Boeing 公司与加拿大 North Star 公司合作研制的面齿轮五轴磨齿机，能磨削不同锥角、较大尺寸范围、满足航空使用要求的面齿轮，面齿轮加工精度达 AGMA12 级。我国开展面齿轮研究始于 20 世纪 90 年代，研究单位主要有南京航空航天大学、北京航空航天大学、西北工业大学、重庆大学、中南大学、重庆大学、北京工业大学和河南科技大学等，在面齿轮啮合原理与理论、几何设计与齿面生成、加工原理与仿真、加工试验、测量等方面进行了大量研究，试制了面齿轮插齿机、面齿轮滚齿机和面齿轮磨齿机，这些研究为探究面齿轮制造原理奠定了基础。但相对于国外水平，我国面齿轮精密磨齿机没有研制成型，面齿轮加工精度比国外低 2 级左右，面齿轮使用性能较差，这说明我国在面齿轮精密制造理论、加工方法及工艺等方面需要探索新途径。

2. 高速准干切削面齿轮技术研究进展

1)齿轮高速干切削理论与绿色制造技术的研究现状

实施绿色加工是齿轮制造的发展趋势。在加工过程中不用任何切削液(完全干切削)或用少量切削液(准干切削)的干切削是控制环境污染源头的一项绿色制造工艺，它省去了切削液及其处理等费用，可较大幅度降低生产成本。由于切齿长期使用"湿切"方法，为了实现高效、高精、节能、环保和低成本制造，美国 Gleason 公司于 20 世纪 80 年代末提出了高速干切削(high speed dry cutting)技术原型，之后美国 Gleason 公司和德国 Klingelnberg 公司于 20 世纪 90 年代中期相继推出了用于干切削的数控切齿机和刀具，并获得了 2000 年美国汽车工业最高的荣誉 PACE 大奖。1997 年，瑞士 Oerlikon 公司发明了能用于干切削的数控铣齿机 C28，至此，螺旋锥齿轮干切削才真正走向应用。2002 年，美国 Gleason 公司推出了具有干切削功能的 Phoenix II (凤凰二代)数控铣齿机，此后该技术在国外得到了更加广泛的应用。Klocke 等[9]在德国 Aachen 工业大学机床与工程实验室，通过全因子实验法对高速干切削螺旋锥齿轮大轮时不同刀具基材、涂层措施、刀具几何形状与刀具寿命之间的关系进行了研究，采用几何仿真方法分析了锥齿轮高速干切削加工过程中切屑的形成和切削刀刃上所承受的切削力大小。Bouzakis 等[10]对直齿圆柱齿轮和斜齿圆柱齿轮在干切滚齿过程中切屑的形成与流动进行了基于热-力耦合的有限元仿真等一系列工作。

2011 年，中南大学与湖南中大创远数控装备有限公司联合开发了我国首台全数控螺旋锥齿轮干切削机床 YKA2260，该机床拥有完全自主知识产权，可以干切、湿切两用加工螺旋锥齿轮。天津第一机床厂与天津大学联合研制了螺旋锥齿轮第二代全数控制造机床。重庆机床厂与重庆大学在滚齿干切机床技术的驱动、传动以及误差控制方面进行了较多研究，开发了 YK3160 干切滚齿机。北京机床研究所成功开发了具有干切削功能的 KT 系列加工中心。

国外在高速干切削理论，干切削数控机床研制，直齿圆柱齿轮、斜齿圆柱齿轮和螺旋锥齿轮的干切削技术等方面进行了大量研究，使具有高效、高精度、低成本切削优势的高速干切削绿色制造技术得以广泛应用。与国外相比，我国高速干切削技术有很大差距，对螺旋锥齿轮干切削技术的研究才开始几年，在其机理研究、高速机床制造、刀具技术等各方面还需要做大量工作。

2)高速干切削(准干切削)工艺优化研究现状

在切削工艺优化研究方面，国内外学者都做了不少研究。Ginting 等[11]进行了钛合金 Ti-6242S 的干端铣削实验，用拓展的泰勒模型分析了球头立铣刀硬质合金刀具的性能特征，并分析了干铣削该材料的最佳切削条件。Ho 等[12]将正交实验与遗传算法相结合，以齿面粗糙度的工艺参数影响为研究目标，使齿面粗糙度的预报误差达到 4.06%。

文献[4]介绍了任小中等通过分析齿轮成形磨削的特性，得出了平面成形磨削力模型，并研究了与之相关的工艺参数关系；谢瑞木等分析了不同工艺参数对干法滚齿过程切削状态的影响情况，利用参数化设计的方法，对干法滚齿过程工艺提出了优化方案；株洲齿轮有限责任公司等有关单位研究了高效干切削技术在螺旋锥齿轮制造中的应用。

高速干切削是在切削区不使用切削液的切削加工。高速准干切削是采用各种方式将少量切削液直接施于切削区进行切削加工，它将高速干切削与湿式加工两者的优点相结合，既可以满足加工要求，又可以使切削液和刀具磨损的费用降至最低，但需要解决最少切削液量控制与切削工艺优化的问题。高速准干切削面齿轮技术是一种节能环保的绿色制造先进技术，已成为切削加工领域应用和研究的热点。

1.1.3　曲面齿轮的激光精微加工技术研究进展

目前，国内点接触共轭曲面齿轮的传统机械加工精度欠佳，而国外高性能数控磨齿机长期对我国进行封锁，这就需要寻求一种新的制造方法来解决该问题。利用激光制造技术的快速发展优势，进行点接触共轭曲面齿轮的激光精微加工是一种新的先进制造模式，为解决点接触共轭曲面齿轮加工质量问题提供了新途径。

20 世纪 80 年代末，德国 DMG 公司开始研究激光铣削，研制了 DMG 系列激光加工设备激光加工技术随后在航空航天制造业中广泛应用，它具有比传统加工更精密、更高效、更快速和成本更低的特点。董世运等[13]以不同载荷下损伤齿类件为研究对象，采用激光加工技术进行齿类件再制造，实现了其性能的提升。王玉玲等提出了采用飞秒激光双光子聚合加工技术加工标准渐开线微齿轮的方法，研究了磨损的 20CrMnMo 齿轮激光熔覆修复关键技术[14]。

1. 激光加工的物理作用机理与理论模型研究

1)激光加工的物理作用机理研究

激光具有超快、超强的特性，其加工是受诸多因素影响的非线性/非平衡复杂物理作用多尺度过程，可分为三个过程：激光束的吸收过程（即光子与电子的相互作用）、材料相变过程（即电子与离子(晶格)的相互作用）以及等离子体膨胀和辐射过程。对于飞秒激光修正点接触共轭曲面齿轮，烧蚀齿面温度、烧蚀凹坑大小与齿面形性等主要受多脉冲能量串行耦合、材料变厚度变焦、材料动态吸收、等离子体冲击波和齿轮材料成分间互温感应等五种动态效应的物理作用过程影响。

对于激光束吸收和材料相变过程的机理研究，文献[15]介绍了 Itina 等计算了飞秒激光脉冲烧蚀铝的烧蚀阈值，并指出在不用的脉冲宽度（下文简称脉宽）、脉冲能量密度下，飞秒激光烧蚀材料的物理机制有振动效应和热效应两种机理；Singha 等研究了单串的飞秒双脉冲烧蚀铜的特性演化，发现总通量为 $2F$(F 为阈值通量)的双脉冲烧蚀体积比通量为 F 的单脉冲烧蚀体积大，但是小于通量为 $2F$ 的单脉冲烧蚀体积。张瑞明等[16]采用双温模型的分子动力学模拟方法，通过有限差分法(finite difference method，FDM)研究了材料吸收系数对材料温度及烧蚀凹坑深度的影响以及激光烧蚀薄膜材料的温度分布规律，提出了一种短脉冲、超短脉冲激光烧蚀的新物理模型；Shi 等[17]运用 Fokker-Planck 等式改进了德鲁德模型，研究了激光束的吸收过程。

在等离子体膨胀和辐射过程中，等离子体冲击波效应和材料成分间互温感应对晶格作用时间较长。蔡颂等[18,19]研究了脉冲光纤激光修整青铜金刚石砂轮等离子体作用机制，采用光栅光谱仪测量等离子体空间发射光谱；等离子体膨胀和辐射过程中，除了出现固体、液体、气体外，还有第四态等离子体，其电子密度和温度导致晶格发生变化，超快形成压缩而产生巨大的等离子体冲击波效应，影响了激光的吸收程度，从而影响金属材料晶格与晶格间的传热演变过程。

上述对激光加工物理作用过程的动态效应机理的研究，不是针对点接触共轭曲面齿轮加工，因此没有研究齿轮激光加工引起的变厚度变焦效应。国内外研究以纯金属材料为主，对于低碳合金齿轮材料（如 20CrMnTi 等），还需要考虑齿轮材料成分间互温感应对晶格与晶格间热传递作用的影响。

2)激光加工的理论模型研究

研究激光与金属材料相互作用的理论模型主要有双温模型、分子动力学模型、流体力学模型和混合模型，其中双温模型能较简单和准确地描述飞秒激光加工金属材料中光子与电子、电子与晶格的热传递机制[15]。Gamaly 等[20]利用飞秒激光对铜、铝、钢、铅等四种金属靶材进行了实验研究,证明了非平衡烧蚀的存在,得到了新的双温模型。张端明等[16]提出了统一双温方程,描述了脉宽由纳秒到飞秒的激光烧蚀热物理现象。Shi等[17]提出了改进双温模型,采用量子力学处理计算热学和光学特性,扩展了双温方程的应用范围和精度。周明等在双温模型的基础上,研究了对自旋系统、电子系统和晶格系统等三个独立系统进行描述的三温模型[21]。

飞秒激光与金属材料的相互作用存在时间/空间多尺度下的三个物理过程:激光束吸收过程,其作用时间短(飞秒级),为光子与电子之间传热与温度的变化过程;材料相变过程,其作用时间较长(皮秒级),为电子与晶格之间传热与温度的变化过程;等离子体冲击波效应和齿轮材料成分间互温感应效应过程,其对晶格的作用时间长(微秒级),为晶格与晶格之间传热与温度的变化过程。对于曲面齿轮飞秒激光加工,只描述光子与电子、电子与晶格之间传热的双温模型不足以反映传热影响规律,需要耦合上述五种动态效应,建立三温复耦合理论模型,研究金属材料的光子与电子、电子与晶格以及晶格与晶格之间的非平衡态随时间和空间演变的热传递过程和物理作用机制,分析激光工艺参数对烧蚀状况的影响。对于三温复耦合理论模型的研究,目前国内外还较少报道。

2. 激光加工工艺规划与齿面形貌控制机制研究

1) 齿轮曲面三维模型与工艺规划研究

要得到激光加工路径,需要建立曲面三维(3D)模型,建立曲面三维模型有两种方法:①根据曲面方程建立理论三维计算机辅助设计(computer aided design, CAD)模型;②通过三坐标测量机等进行逆向测量,得到实际三维模型。对于点接触共轭曲面齿轮的齿面修正,理论齿面三维模型构建采用第一种方法;修正前加工和修正后的实际齿面三维模型构建,采用第二种方法。

激光精微修正加工时,激光束按规定的路径和修正工艺参数,多道往复扫描烧蚀材料。德国DMG公司于20世纪80年代末利用激光修正烧蚀机理,通过高峰值功率激光束,采用逐层修正的方法达到加工深度要求,但只针对某些特殊材料或需求。陈良辉等[22]研究了由三维振镜和两轴数控回转台构成的五轴激光加工基本原理,采用纹理映射技术,三维振镜自动调节x、y、z方向运动,并垂直聚焦于曲面上,高效精细加工模具三维曲面。

飞秒激光修正曲面齿轮加工工艺规划的主要技术问题是通过三温复耦合理论模型,分析得到合适的激光工艺参数,然后根据齿面三维模型确定合理的修正扫描路径,选择修正工艺参数(扫描速度、扫描道间距等),编制激光加工程序,利用三维振镜动态调节激光束位姿,使其法向入射聚焦于齿面上。

2) 激光加工形貌控制机制研究

影响激光加工质量的主要原因是加工形貌,包括表面形状误差、粗糙度等。

Kaldos 等[23]研究了光斑重叠率和扫描速度对材料的去除率、铣削表面质量的影响。董一巍等[24]研究了涡轮叶片气膜孔超快激光加工精确控形方法,建立了能量参数与微小孔成形过程的映射模型,分析了激光参数对微小孔成形过程的影响。王福海[25]研究了激光扫描测量路径规划技术,利用余量约束下的模型配准,进行了航空叶片激光适应性修形。郑卜祥等[26]以双温方程和对数烧蚀为基础,实现了飞秒激光加工形状的准确预测,研究了加工参数(能量密度、扫描速度、扫描次数和焦点位置)和激光非线性传播对加工形貌的影响。

对激光修正加工齿面形貌进行研究,关键是采用路径轨迹等方法,建立修正齿面形貌控制综合模型,揭示激光工艺参数,修正工艺参数对齿面形貌的交互作用影响机制。

3. 激光加工齿面性态控制与工艺实验研究

激光加工齿面性态包括齿面表层残余应力、显微硬度与组织等。Lv 等[27]研究了激光表面熔化与喷丸强化 20CrMnTi 合金钢齿轮时,残余应力、显微硬度和齿面粗糙度对齿轮抗疲劳性能改善的影响。Dai 等[28]研究了激光冲击波强化金属对残余应力及冷作硬化程度等表面完整性的影响规律。

在激光加工工艺优化方面,Campanelli 等[29]研究了激光加工铝合金的多目标铣削优化实验,分析能量密度对铣削深度、材料去除率的影响,以及重复度对粗糙度的影响,优化工艺参数后,可使材料去除率与表面质量多目标最优。Teixidor 等[30]利用 30W 的光纤激光器研究了激光工艺参数对 AISI H13 的影响规律、多目标参数优化粗糙度及铣削深度。

为了验证和完善飞秒激光修正三温复耦合理论模型、修正齿面形貌控制综合模型,进行激光加工齿轮实验,主要包括在线测量、离线测量和正交实验。胡为正[31]通过正交实验得到了激光入射角度、激光功率、扫描速度、填充间距、分层高度等加工参数对加工质量、加工效率的影响程度。丁莹等[32]用正交实验分析了激光平均功率、焦点进给距离、扫描次数、扫描速度等工艺参数对加工微孔形性的影响规律。

1.2　微结构 FBG 的激光加工技术概况

1.2.1　飞秒激光微加工光纤与微结构 FBG 应用状况

1. 飞秒激光微加工光纤应用状况

20 世纪 80 年代产生了超短脉冲激光,脉宽达到飞秒(10^{-15}s)级。飞秒激光与物质相互作用时,依据光斑大小及激光能量,可以实现超高分辨率、纳米尺度的加工，产生很小的热影响区，并且可以克服等离子体屏蔽。飞秒激光加工可以分为激光烧蚀加工和双光子聚合加工。激光烧蚀加工利用激光本身超高功率使得材料瞬间蒸发，不经过类似长脉冲激光加工时的材料熔化过程，具有优良的加工特性，在微加工领域得到了飞速发展。在 1994 年，首次应用飞秒激光加工技术在二氧化硅和银表面上刻蚀微结构，加工透明材料玻璃、宝石及高分子聚合物，制作光学元件和三维微结构[33]。在光学器件中，利用飞秒激光制作光纤光栅受到越来越多的重视，由于飞秒激光具有上述独特的特性，故用于制作光学元器件具有优越性。文献[34]介绍道，Mourou 研究小组在 20 世纪 90 年代初期就开展关于飞秒激光与物质相互作用的研究；美国密苏里科技大学的 Jiang 等在他人研究飞秒烧蚀理论和实验的基础上改进了双温方程，发现当能量密度高时，双温方程就不再精确，高能量密度加工时会带来很多误差，通过量化一些双温方程中光学和热学的参数特征，包括电子热容、扩散时间、电导率、吸收率等，并在模型中引入新的参数来计算自由电子的密度、温度，以金为靶材，准确地预测了材料的烧蚀阈值和加工深度；日本大阪大学的 Kawata 等利用双光子吸收技术，制造出当时世界上最小的三维纳米牛结构，利用 100fs 激光在树脂内扫描，树脂硬化后成为三维结构，这开创了双光子微纳加工的新篇章；Misawa 教授研究团队在关于飞秒激光与物质相互作用方面也取得了显著的研究进展，他们利用飞秒激光双光子聚合加工出超精细结构，精度高达 30nm，并利用这些结构组成新的晶体结构和造型。周贤等[35,36]采用飞秒激光在光纤表面刻蚀微结构，研究了飞秒激光对 FBG 刻蚀的特性，根据飞秒激光对 FBG 的反射谱制备了相移光纤。相比其他光刻技术，飞秒激光具有瞬时超高功率，在刻蚀材料时不受材料属性限制的特点，几乎可以加工任何材料，在三维微加工领域表现出了极大的优势。

2. 微结构 FBG 应用状况

近年来使用飞秒激光微加工技术制作传感器得到了许多学者的关注，结合微结构光纤的物理特性和传感材料，能制备出各式各样、性能优异的传感器。例如，使用飞秒激光可以在光纤包层加工微直槽，然后在包层上镀磁致伸缩膜制作氢气传感器[37]；也可以在光纤包层加工螺旋微槽，然后在微槽处镀上氢敏感膜，制备成氢气传感器，由于微结构具有增敏性能，该传感器灵敏度得到很大提升[38-40]。在 FBG 上加工微直孔可以使液体流入和流出，以便制作气泡直孔型相移 FBG 折射率传感器。由光纤和毛细管组成法布里-珀罗干涉(Fabry-Perot interference, FPI)腔，使用飞秒激光在光纤纤芯加工 FBG，可制作成压力和温度传感器[41]。文献[34]介绍道，Allsop 等采用飞秒激光在光子晶体光纤上制作长周期光纤光栅(long period fiber grating, LPFG)，用于测量温度和弯曲率，取得了较好的测量效果；Fang 等结合飞秒激光与相位掩膜版，在 2～10μm 的微纳光纤上制作 FBG，用于测量折射率，当微纳光纤的直径为 2μm、折射率为 1.44 时，其灵敏度达到 231.1nm/RIU；Li 等采用飞秒激光在带有掺 Ge 包层的光子晶体光纤上写入 FBG，反射谱能在 700℃下稳定存在；Yang 等结合飞秒激光和相位掩膜版在多模光纤上成功写入 FBG，并测试了高温下的灵敏度及应变灵敏度，当温度为 600～900℃时，其应变灵敏度为 5.24pm/με；Lin 等利用飞秒激光直接在单模光纤表面刻写布拉格光栅波导（Bragg grating waveguide, BGW），并将其成功应用于折射率的测量，其测量灵敏度约为 16nm/RIU。Rao 等[42]利用飞秒激光在单模光纤和光子晶体光纤（photonic crystal fiber, PCF）上加工法布里-珀罗（F-P）干涉腔，用于同时测量应力和温度，在单模光纤上测试的灵敏度分别为 6pm/με 和 2.1pm/℃，在 PCF 上测试的灵敏度分别为 4.5pm/με 和 2pm/℃，由此发现由晶子晶体光纤制作的 F-P 干涉光纤传感器的应力灵敏度比单模光纤的低，但温度灵敏度基本一致。

1.2.2　飞秒激光的光纤材质刻蚀机制研究进展

随着飞秒激光刻蚀光纤材料及传感器制备的深入研究，飞秒激光加工对光纤等透明材质产生刻蚀的机制越来越受到研究人员的关注。例如，有学者对石英材质的刻蚀展开研究，利用飞秒激光在铌酸锂（$LiNbO_3$）材料表面下 250μm 处加工两种不同类型的波导，研究不同激光能量与波导特性之间的关系以及波导损伤可能产生的原因，发现 II 型波导折射率的改变是由加工部位晶体结构无定型化导致的；Bonse 研究了单晶硅在单脉冲和多脉冲飞秒激光作用下的形貌改变和刻蚀机理，刻画出损伤阈值到刻蚀阈值变化过程中材料刻蚀与激光能量之间的关系[34]；Sanner 用直径回归算法测量了飞秒激光刻蚀 SiO_2 的损伤阈值[34]。利用飞秒激光加工熔融石英玻璃制作波导得到了广泛研究，特别是飞秒激光刻写光纤光栅，当飞秒激光刻蚀熔融石英时，由于非线性吸收的作用，在刻蚀区域发生永久性的折射率改变，从而可以制作不同类型的光栅。相比紫外（UV）激光和 CO_2 激光刻写光栅，飞秒激光的优势为其导致的折射率改变量远大于紫外激光和 CO_2 激光刻蚀导致的折射率改变量，并且飞秒激光制作的波导结构能够稳定存在于高温环境中（800℃），而紫外激光或者准分子激光刻写的波导结构不能稳定存在于较高温度环境中。紫外激光刻写的光栅一般只能工作在 300℃以下，这限制了该类型光栅的使用[34]。总之，飞秒激光微加工技术在加工材料的广泛性、高精度性以及对材料的改性上具有巨大的优势，在光纤微加工及传感器领域的应用将快速发展。

第 2 章　激光加工前工序的面齿轮高速准干切削机理及工艺

2.1　面齿轮高速准干铣削加工方法与模型

2.1.1　高速准干铣削原理与加工方法

由面齿轮传动的啮合原理可知，面齿轮的加工可以采用范成原理进行。与直齿面齿轮配对的直齿轮可以看成是圆柱拉伸体，因此可以通过插铣刀模拟插齿刀单齿的展成运动来实现直齿轮的铣削[43]，如图 2.1 所示。图 2-1 中，$O_s\text{-}x_s y_s z_s$ 和 $O_2\text{-}x_2 y_2 z_2$ 为转动坐标系，分别与刀具和面齿轮相连；ϕ_2 为加工过程中面齿轮的转角；$O_t\text{-}x_t y_t z_t$ 为铣刀可动坐标系，θ_t 为基本刀位组的旋转角度。

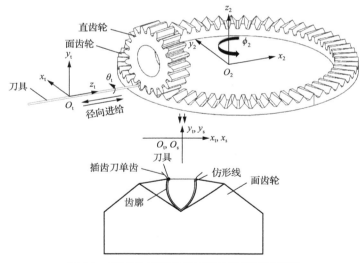

图 2.1　基于插铣工艺的面齿轮铣削加工原理

在高速铣削过程中，直齿轮与面齿轮啮合保持转角关系和啮合位置，刀具对插齿刀轴线截面轮廓进行仿形，由无数个连续运动的刀具齿面包络线组成，离散仿形曲线可得到一组刀具定位点，合理分离仿形曲线和刀具的转动量，可以达到高速铣削精度。高速加工时，刀具沿着基本刀位点做高速旋转切削运动的同时，面齿轮沿着自身轴线旋转，从而实现面齿轮齿廓的展成运动。切削刃与工件做展成运动形成的包络面即被加工表面,切削刃的形状即被加工表面的共轭曲线。在完成一组刀位组后,根据设计参数,面齿轮和刀具沿着各自的轴转动一定角度,开始执行下一个齿的铣削,直至完成面齿轮所有齿的高速铣削[43]。

1. 高速准干铣削加工策略

微量润滑(minimal quantity lubrication, MQL)高速铣削具有平稳、高效、切削载荷均匀、无强烈振动等特点。粗加工时,高速铣削有很高的金属去除率;精加工时,高速铣削能够通过高走刀速度去除更多表面积,并且能够实现均匀的去除余量。

粗加工后的半成品如何通过半精加工获得精加工所需余量且余量均匀,在粗加工、半精加工和精加工时如何选用合适的刀具、设置切削参数和优化走刀轨迹,都是需要考虑的加工策略重点。

2. 面齿轮高速准干铣削加工方案

面齿轮高速准干铣削加工的原则是在保证高效率和高质量的情况下,设计如下工艺方案,以完成零件的加工[4]。

(1)粗加工是追求单位时间去除材料效率。粗加工表面质量和精度要求不高,但铣削过程中必须保证刀具轨迹平稳。因此,在铣削面齿轮时,应充分利用主轴加工功率,加工方式采用分层铣削,一般选用钨钢立铣刀;主轴转速可高达 4500～8000r/min,切削进给速度为 1000～1800mm/min。

(2)半精加工是对粗加工后的零件进行再铣削,要求有较好的加工精度和表面质量,主要保证表面预留余量均匀,以便于精铣削。一般情况下,半精加工轨迹与粗加工轨迹相近,能使铣刀切入过程平稳,不能存在切削不连续和频繁进退刀现象,可选用钨钢立铣刀、球头铣刀;主轴转速可高达 7000～8500r/min,切削进给速度为 1500～2500mm/min。

(3)为达到零件精度和表面质量要求,在精加工过程中,刀具应紧贴加工轨迹,平稳不振动,没有大的方向变动。加工机床可选用 HSM500 高速铣削加工中心等,微量润滑切削时可选用圆鼻铣刀、球头铣刀;主轴转速可高达 10000～30000r/min,切削进给速度为 2000～3000mm/min。

2.1.2 高速准干铣削模型与计算

1. 面齿轮高速准干铣削齿面方程

使用包络法,通过虚拟插齿刀的回转运动对面齿轮进行高速切削,建立面齿轮展成加工坐标系,如图 2.2 所示。$S_s(O_s\text{-}x_sy_sz_s)$ 和 $S_2(O_2\text{-}x_2y_2z_2)$ 为转动坐标系,其分别与刀具和面齿轮相连；$S_m(O_m\text{-}x_m y_m z_m)$ 和 $S_p(O_p\text{-}x_p y_p z_p)$ 为辅助坐标系，用来简化坐标变换；γ_m 为面齿轮轴线与插齿刀轴线的夹角；在加工过程中，面齿轮和插齿刀的转角分别为 ϕ_2 和 ϕ_s，传动比 $i_{2s}=\phi_2/\phi_s=N_s/N_2=\omega_2/\omega_s$，$N_s$、$N_2$ 分别为插齿刀齿数和面齿轮齿数[1]。

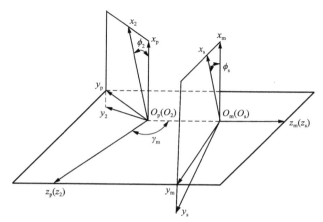

图 2.2　面齿轮展成加工坐标系

渐开线刀具齿廓截面参数如图 2.3 所示，r_{bs} 为刀具渐开线的基圆半径，θ_s 为刀具渐开线中任意点的角度参数，u_s 为刀具渐开线中任意点的轴向参数，θ_{os} 为齿槽对称线与渐开线的起始点之间的角度，ab 和 cd 分别为对应刀具两侧齿槽的渐开线，n_s 为单位法线。

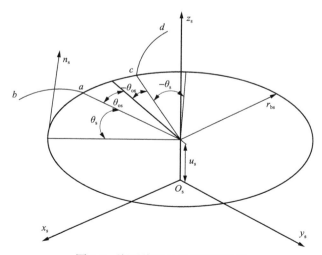

图 2.3　渐开线刀具齿廓截面参数

根据坐标系 S_s 可得刀具渐开线齿面向量方程 $r_s(u_s,\theta_s)$ 为[1]

$$r_s\left(u_s,\theta_s\right)=\begin{bmatrix} \pm r_{bs}\left[\sin\left(\theta_{os}+\theta_s\right)-\theta_s\cos\left(\theta_{os}+\theta_s\right)\right] \\ -r_{bs}\left[\cos\left(\theta_{os}+\theta_s\right)+\theta_s\sin\left(\theta_{os}+\theta_s\right)\right] \\ u_s \\ 1 \end{bmatrix} \tag{2.1}$$

式中，"±"号对应渐开线 ab 和 cd，θ_{os} 满足：

$$\theta_{os}=\pi/\left(2z_s\right)-\left(\tan\alpha_s-\alpha_s\right) \tag{2.2}$$

式中，z_s 为插齿刀齿数；α_s 为插齿刀的压力角；$\tan\alpha_s-\alpha_s$ 为 α_s 渐开线函数。

刀具齿面的单位法线 n_s 为

$$n_s=\begin{bmatrix} n_{sx} \\ n_{sy} \\ n_{sz} \end{bmatrix}=\frac{\dfrac{\partial r_s}{\partial\theta_s}\times\dfrac{\partial r_s}{\partial u_s}}{\left|\dfrac{\partial r_s}{\partial\theta_s}\times\dfrac{\partial r_s}{\partial u_s}\right|}=\begin{bmatrix} \cos\left(\theta_{so}+\theta_s\right) \\ -\sin\left(\theta_{so}+\theta_s\right) \\ 0 \end{bmatrix} \tag{2.3}$$

在坐标系 S_s 中，刀具刀面中的点 $k\left(x_s,y_s,z_s\right)$ 的速度矢量为

$$v_s=\omega_s\times r_s \tag{2.4}$$

式中，ω_s 为旋转角速度矢量；r_s 为坐标系 S_s 中点 k 的位置矢量。

在坐标系 S_s 中，点 k 处两个齿面的相对速度表示为

$$v_{s2}(s)=\left[\omega_s-\omega_2(s)\right]\times r_s=\omega_s\begin{bmatrix} -y_s-z_s i_{2s}\cos\phi_s \\ x_s+z_s i_{2s}\sin\phi_s \\ i_{2s}\left(x_s\cos\phi_s-y_s\sin\phi_s\right) \end{bmatrix} \tag{2.5}$$

根据齿轮啮合理论，两个齿面的啮合情况定义为

$$v_{s2}(s)\cdot n_s=0 \tag{2.6}$$

将式(2.1)、式(2.3)和式(2.5)代入式(2.6)可得刀具与面齿轮之间的关系方程为

$$\begin{cases} f\left(u_s,\theta_s,\phi_s\right)=r_{bs}-u_s i_{2s}\cos\phi_\theta=0 \\ \phi_\theta=\phi_s\pm\left(\theta_{os}+\theta_s\right) \end{cases} \tag{2.7}$$

由坐标系 S_s 和坐标系 S_2 之间的转换关系可得直齿轮的齿面方程为

$$\begin{cases} f\left(u_s,\theta_s,\phi_s\right)=0 \\ r_2\left(u_s,\theta_s,\phi_s\right)=M_{2s}\left(\phi_s\right)\cdot r_s\left(u_s,\theta_s\right) \end{cases} \tag{2.8}$$

由方程(2.7)可得

$$z_s = u_s = \frac{r_{bs}}{i_{2s} \cos\phi_\theta} \tag{2.9}$$

将式(2.9)代入方程(2.8)中，可以得到由两个参数 θ_s 和 ϕ_s 表示的直齿面齿轮齿面方程为

$$\begin{cases} x_2 = r_{bs}\left[\cos\phi_2\left(\sin\phi_\theta \mp \theta_s\cos\phi_\theta\right) - \dfrac{\sin\phi_2}{i_{2s}\cos\phi_\theta}\right] \\ y_2 = -r_{bs}\left[\sin\phi_2\left(\sin\phi_\theta \mp \theta_s\cos\phi_\theta\right) + \dfrac{\cos\phi_2}{i_{2s}\cos\phi_\theta}\right] \\ z_2 = -r_{bs}\left(\cos\phi_\theta \pm \theta_s\sin\phi_\theta\right) \end{cases} \tag{2.10}$$

2. 高速铣床结构模型

面齿轮高速铣床的结构模型如图 2.4 所示，根据面齿轮高速铣削时的相对运动要求，机床包括沿 x、y、z 三个方向的移动和绕 A、B 两轴的转动。沿机床导轨 x 方向的移动可实现刀具高速铣削的径向进给运动，沿机床导轨 y 方向的移动可实现高速铣削加工的轴向进给和附加平动，沿机床导轨 z 方向的移动可实现刀具相对于面齿轮的附加运动，A 轴转动为刀具自身的高速旋转运动，B 轴转动可实现面齿轮的分齿运动和刀具沿虚拟插齿刀轴线的摆动[43]。

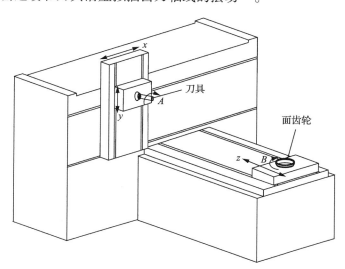

图 2.4　面齿轮高速铣床的结构模型

3. 面齿轮高速铣削加工啮合点刀位的计算

面齿轮高速铣削的过程是高速、低切削量的情况，可采用球头铣刀作为高速铣削刀具。在高速铣削的过程中，球头铣刀的球形刃部分可看成一条单独的曲线，旋转时与工件相交。建立球头铣刀的仿形坐标系如图 2.5 所示，θ_t 为基本刀位组的旋转角度，S_{to}（O_{to}-$x_{to}y_{to}z_{to}$）为铣刀的固定坐标系，S_t（O_t-$x_ty_tz_t$）为铣刀的可动坐标系。

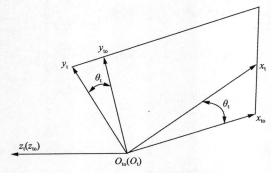

图 2.5　球头铣刀的仿形坐标系

仿形曲线是刀具补偿后的齿廓曲线。点 P 为齿廓曲线上的任意点，线段 PQ 为点 P 处齿廓的法线，如图 2.6 所示。

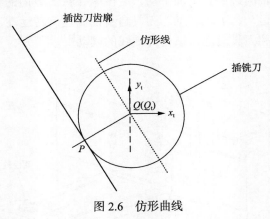

图 2.6　仿形曲线

由式 (2.3) 可知法线与 x 轴和 y 轴的交角，可得点 P 啮合点刀位的坐标为

$$\begin{cases} x_Q = x_P + r_t \cos(\theta_{os} + \theta_s) \\ y_Q = y_P - r_t \sin(\theta_{os} + \theta_s) \\ z_Q = z_P \end{cases} \tag{2.11}$$

式中，r_t 为刀具补偿半径和余量之和。

根据式(2.1)，插齿刀齿面曲线方程为

$$r_t(\theta_s) = \begin{bmatrix} x \\ y \\ z \end{bmatrix} = \begin{bmatrix} r_{bs}\left[\sin(\theta_{os}+\theta_s)-\theta_s\cos(\theta_{os}+\theta_s)\right]+r_t\cos(\theta_{os}+\theta_s) \\ -r_{bs}\left[\cos(\theta_{os}+\theta_s)+\theta_s\sin(\theta_{os}+\theta_s)\right]-r_t\sin(\theta_{os}+\theta_s) \\ u_s \end{bmatrix} \quad (2.12)$$

面齿轮高速铣削的切削量很小，由方程(2.12)可以得出，当面齿轮齿槽对称轴与齿刀齿廓的对称轴夹角 θ_{os} 等于零时，刀具进给范围和摆角范围构成主要的误差因素。因此，选取合适的刀具进给范围 u_s 和摆角范围 θ_s，进行多次高速铣削基本刀位组的包络，完成面齿轮单侧的齿廓齿面和侧齿根的过渡曲面加工。

4. 刀具进给范围与摆角范围的计算

1) 刀具进给范围的计算

为了在高速铣削过程中切削直齿轮的整个齿，每当刀具的坐标系以一个小角度摆动时，刀具沿着面齿轮的径向平移运动，如图 2.7 所示。平移范围 Δl_t 为

$$z_a \leqslant \Delta l_t \leqslant z_b \quad (2.13)$$

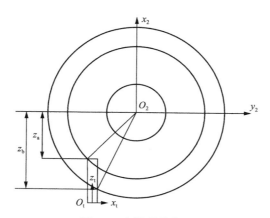

图 2.7　主轴进给范围

插铣刀相对于 y_2 的中心轴距离假设为 y_{tool}，则有

$$z_a = \min\left\{\sqrt{R_1^2-(y_{tool}+r_{tool})^2}, \sqrt{R_1^2-(y_{tool}-r_{tool})^2}\right\} \quad (2.14)$$

$$z_b = \max\left\{\sqrt{R_2^2-(y_{tool}+r_{tool})^2}, \sqrt{R_2^2-(y_{tool}-r_{tool})^2}\right\} \quad (2.15)$$

式中，R_1 为面齿轮的内半径；R_2 为面齿轮的外半径；r_{tool} 为弹簧工具的半径。

由于 $y_{tool} \pm r_{tool}$ 远小于 R_1 和 R_2，且游离基残留物质应保证不存在，式(2.13) 可以简化为

$$R_1 - d \leqslant \Delta l_t \leqslant R_2 + d \tag{2.16}$$

式中，d 取值范围为 2～5mm，计算过程中 d 取值为 2mm。

2) 刀具摆角范围的计算

为了获得直齿轮齿面，在刀具仿形之后，基本刀位组沿着齿轮插齿刀的轴线旋转，以实现与直齿轮的运动。面齿轮齿面路径示意图如图 2.8 所示，摆角范围既不能太大，也不能太小，摆角范围过小可能会导致一部分齿轮的工具轮廓未加工，而摆角范围过大可能严重影响加工效率。

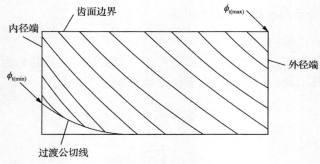

图 2.8 面齿轮齿面路径示意图

在高速铣削过程中，确定刀具摆角范围非常重要。齿轮插齿刀需要同时加工面齿轮齿面的两侧，齿轮插齿刀的旋转角度范围应大于齿槽两个齿廓之间的限制旋转角度。由于齿轮插齿刀与齿形修正的直齿轮之间的接触线对称分布，基本刀位组的摆角范围为[43]

$$-\phi_t^* \leqslant \Delta\phi_t \leqslant \phi_t^* \tag{2.17}$$

式中，$\phi_t^* = \max\left\{\left|\phi_{t(min)}\right|, \left|\phi_{t(max)}\right|\right\}$。

在啮合过程中，齿轮插齿刀与直齿轮平面之间的两个极限旋转角度位于直齿轮外半径的齿顶上，其位于齿面的内半径与过渡曲线的交点分别为 A 点和 B 点的过渡曲线，如图 2.9 所示，R_1 和 R_2 分别为面齿轮的内半径和外半径，r_m 为刀具的根圆半径。

面齿轮外半径处摆角的最大值 $\phi_{t(max)}$ 为

$$\begin{cases} f(u_s, \phi_{t(max)}) = \sqrt{x_2^2 + y_2^2} - R_2 = 0 \\ z_2(u_s, \phi_{t(max)}) + r_m = 0 \end{cases} \tag{2.18}$$

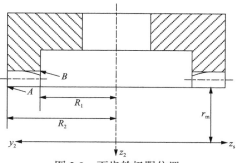

图 2.9　面齿轮极限位置

面齿轮内半径处摆角的最小值 $\phi_{t(\min)}$ 为

$$\begin{cases} f(u_s, \phi_{t(\min)}) = \sqrt{x_2^2 + y_2^2} - R_1 = 0 \\ u_2 = u_{s2} \end{cases} \tag{2.19}$$

通过式(2.18)和式(2.19)可得到基本刀位组的摆角范围。

5. 面齿轮高速数控铣削刀具轨迹和程序生成

基于 UG(Unigraphics NX)软件,可得到高速数控铣削刀具轨迹和程序,其编程流程如图 2.10 所示。

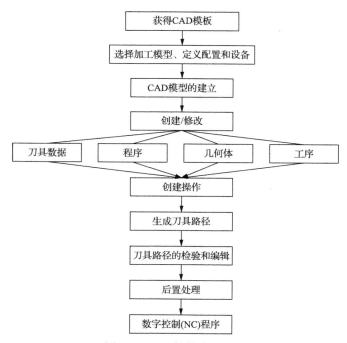

图 2.10　UG 软件编程流程

1)基于 UG/Open API 软件的刀具轨迹生成

UG 软件内部使用动态链接库的方式进行开发和扩展。采用 UG/Open API 作为开发向导，将文件导入 UG 软件中会在启动时进行调用，C++语言编写的文件会通过相应的程序生成相应的动态链接库(DLL 文件)，从而实现与 UG 平台的无缝集成。

刀具轨迹生成的过程为：创建加工坐标系及几何体→设置加工方法为精加工→选择精加工加工余量为 0.2mm→进入机床视图→创建刀具→设置直径为 ϕ10mm 球头立铣刀→创建工序(参数设置如表 2.1 所示)→设置好参数后，生成刀具轨迹。

表 2.1　参数设置表

参数项目	参数内容
工序名称	插铣
刀具	ϕ10mm 球头立铣刀
切削参数	精加工，顺铣，加工余量为 0.2mm
非切削参数	进退刀为圆弧
进给量/mm	0.2
速度/(r/min)	2000

2)面齿轮高速铣削数控程序的生成

UG 软件自带后处理器，根据系统为 DIXI DPH-80 的四轴联动机床设置机床参数和 UG/Post 后置处理。设置程序格式，将设置好的后置处理文件保存生成 ".tcl"、".def"、".pui" 等三个文件，生成 NC 程序。

2.1.3　高速准干铣削加工仿真及实验

基于上述面齿轮的加工方法，应用 VERICUT 软件，将生成的 NC 程序导入，进行面齿轮高速铣削加工仿真。插铣刀直径为 10mm，倒杆伸长长度为 40mm，加工步长为 0.2mm，加工行距为 0.4mm，转距角为 0.4°，由式(2.16)可得 Δl_t 的取值范围为[230mm, 260mm]，由式(2.17)可得 $\Delta\phi_t$ 取值范围为[−20.9°, 20.9°]。

面齿轮齿面铣削加工仿真结果如图 2.11 所示，建模过程中存在误差，因此仿真结果与理论模型存在的最大偏差为 0.46μm，但偏差在允许范围内，说明面齿轮高速铣削加工程序较为正确。

面齿轮高速铣削实验在 HAAS-VF1 立式加工中心上进行，实验使用硬质合金涂层 ϕ12mm 球头铣刀。面齿轮材料为 18Cr2Ni4WA，正交面齿轮传动设计参数如表 1.4 所示。面齿轮高速铣削的加工试件如图 2.12 所示。

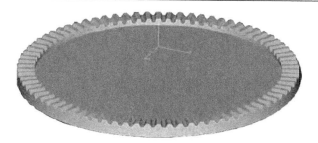

图 2.11　面齿轮齿面铣削加工仿真结果

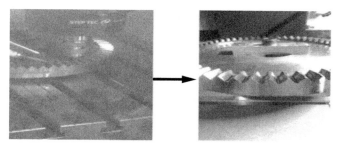

图 2.12　面齿轮高速铣削的加工试件

在面齿轮齿面数学模型的基础上，对面齿轮高速铣削运动和齿面形貌进行分析，利用 MATLAB 软件的仿真计算功能，结合高速铣削用量及其他加工参数对面齿轮齿面高速铣削粗糙度进行建模分析，计算其在不同铣削参数下的粗糙度。粗糙度实验使用的是德国生产的粗糙度测量仪 Hommel Werke T8000，精度可达 0.001μm，如图 2.13 所示。粗糙度测量仪的工作原理为：当测量触针尖端以一定的速度垂直划过工件表面时，工件表面凹凸不平通过触针尖端电信号输出，再通过显示屏以数字或图片的形式显示出来。样品长度规定为 0.8mm，有效长度为样品长度的 6 倍，进行 3 次粗糙度 (R_a) 测量，3 次求出的平均值作为齿面粗糙度[44]。

图 2.13　粗糙度测量仪

2.2　面齿轮高速准干铣削齿面粗糙度

2.2.1　高速准干铣削齿面粗糙度的形成机理与模型

1. 高速准干铣削齿面粗糙度的形成机理

高速准干铣削齿面的简化模型如图 2.14 所示，铣刀将待切削层与已切削层分割，基点 O 以上的已切削层金属以切屑形式去除（在第一变形区进行），基点 O 以下厚度 h_1 为待切削层。已切削层形成两种形式的已加工表面，一种是工件母体材料弹性退让，绕过切削刃圆角经过最低点 N 后弹性回复，与后刀面接近切削刃处接触并产生弹塑性变形（第三变形区）；另一种是已经在第一变形区产生塑性变形，但留在待切削层底部的这部分材料在第三变形区再次产生塑性变形。受铣刀钝角圆影响，理论切削层将会残留一部分在已加工表面，残留高度直接影响进给方向上的粗糙度大小，理论齿面粗糙度由残留最大高度决定[28]。

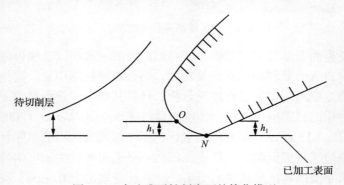

图 2.14　高速准干铣削齿面的简化模型

在进行面齿轮高速铣削加工时，已加工表面的粗糙度可以分为两个方向的分量：横向粗糙度 R_{av}，即垂直进给方向的粗糙度；纵向粗糙度 R_{at}，即沿进给方向的粗糙度。面齿轮在高速铣削过程中的展成速度相对较小，因此横向粗糙度 R_{av} 对齿面粗糙度的影响很小，理论齿面粗糙度等于沿铣削方向的齿面粗糙度，铣削残留高度影响着铣削齿面粗糙度的大小。因此，在面齿轮高速铣削时，铣削残留高度的大小控制着齿面粗糙度[45]。

2. 高速准干铣削齿面粗糙度模型

图 2.15 给出了球头铣刀采用行切法铣削表面轮廓时行距与残留高度的关系。由图 2.15 可知，在 $\Delta o_1 fc$ 中，$(R-H)^2 = R^2 - \left(\dfrac{S}{2}\right)^2$，经整理得到球头铣刀铣削残

留高度 H 的计算公式为

$$H = R - \sqrt{R^2 - \left(\frac{S}{2}\right)^2} \tag{2.20}$$

式中，R 为球头铣刀半径；S 为行距。

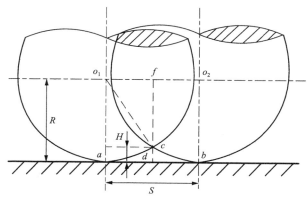

图 2.15　球头铣刀采用行切法铣削表面轮廓时行距与残留高度的关系

在分析球头铣刀铣削残留高度 H 时，在式 (2.20) 的基础上考虑每齿进给量的影响，其残留高度的计算公式为

$$H = R - \sqrt{R^2 - \left(\frac{S}{2}\right)^2 - \left(\frac{f_z}{2}\right)^2} \tag{2.21}$$

式中，f_z 为每齿进给量。

残留高度是刀刃扫成曲面的交点高度，如图 2.16 所示。球头铣刀在同一轨迹中进行铣削时，会形成两个扫描曲面，相邻两轨迹由四个扫描曲面形成，残留部分是这四个扫描曲面未包含的部分。求出这四个扫描曲面的公共交点，就可以求出残留高度。设球头铣刀顶点高度为 h，根据式 (2.11) 和式 (2.21) 可得四个曲面的方程为

$$S_{11} : \begin{cases} x = \sqrt{2Rh - h^2}\, \cos(\omega t_{11}) \\ y = \sqrt{2Rh - h^2}\, \sin(\omega t_{11}) + v t_{11} \\ z = h \end{cases} \tag{2.22}$$

$$S_{12} : \begin{cases} x = \sqrt{2Rh - h^2}\, \cos(\omega t_{12} - \pi) \\ y = \sqrt{2Rh - h^2}\, \sin(\omega t_{12} - \pi) + v t_{12} \\ z = h \end{cases} \tag{2.23}$$

$$S_{21}: \begin{cases} x = \sqrt{2Rh - h^2}\cos(\omega t_{21} + \phi) \\ y = \sqrt{2Rh - h^2}\sin(\omega t_{21} + \phi) + vt_{21} \\ z = h \end{cases} \tag{2.24}$$

$$S_{22}: \begin{cases} x = \sqrt{2Rh - h^2}\cos(\omega t_{22} + \phi - \pi) \\ y = \sqrt{2Rh - h^2}\sin(\omega t_{22} + \phi - \pi) + vt_{22} \\ z = h \end{cases} \tag{2.25}$$

式中，ω 为球头铣刀转速；v 为刀具进给速度；ϕ 为铣刀刀刃上铣削点角度。

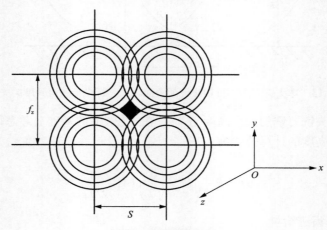

图 2.16　残留高度

联立式(2.22)、式(2.23)和式(2.24)、式(2.25)可得

$$\sin(\omega t_{11}) = \frac{v(\pi - 2\omega t_{11})}{2r\omega} \tag{2.26}$$

$$\sin(\omega t_{21} + \phi) = \frac{v(\pi - 2\omega t_{21} - 2\phi)}{2r\omega} \tag{2.27}$$

式中，$r = \sqrt{2Rh - h^2}$。

曲面 S_{11} 与曲面 S_{12} 的交线由式(2.26)求出，曲面 S_{21} 与曲面 S_{22} 的交线由式(2.27)求出，求解得出的两个交线就是四个扫描曲面的交点。

2.2.2　高速准干铣削齿面粗糙度的仿真与实验分析

在面齿轮高速准干铣削铣刀运动轨迹和高速铣削加工残留高度计算的理论基

础上，按照如图 2.17 所示的计算仿真流程计算高速铣削齿面粗糙度[45]。

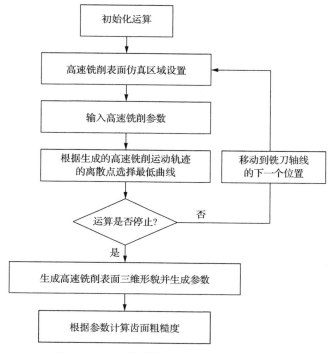

图 2.17   高速铣削齿面粗糙度计算仿真流程

（1）主轴转速 N 对齿面粗糙度 R_a 的影响。当每齿进给量 f_z 为 0.02mm，铣削深度 a_p 为 0.05mm，行距为 0.2mm，主轴转速分别取 1600r/min、2000r/min、2760r/min、3600r/min 时，经计算得到面齿轮高速铣削齿面粗糙度 R_a 分别为 0.604μm、0.563μm、0.482μm、0.382μm，通过拟合得到 R_a 与 N 的计算值曲线，并与实测值曲线对比，如图 2.18 所示。随着铣削速度的提高，切削变形减小，切屑以很高的速度被排出，流向已加工表面的切屑大量减少，不会划伤已加工表面，使得齿面粗糙度减小。由此得出，为了获得更好的齿面粗糙度，应该选择更大的铣削主轴转速[45]。

（2）每齿进给量 f_z 对齿面粗糙度 R_a 的影响。当主轴转速为 2000r/min，铣削深度 a_p 为 0.05mm，行距为 0.2mm，每齿进给量分别取 0.02mm、0.04mm、0.06mm、0.08mm 时，经计算得到面齿轮高速铣削齿面粗糙度 R_a 分别为 0.371μm、0.461μm、0.572μm、0.649μm。由图 2.19 可以看出，齿面粗糙度呈明显增大的趋势，计算值从 0.371μm 增大到 0.649μm。每齿进给量对齿面粗糙度的影响比较显著，随着每齿进给量的增大，残留高度随之增大，导致齿面粗糙度增大。因此，为了获得更好的齿面粗糙度，在参数选择时应选择较小的每齿进给量。

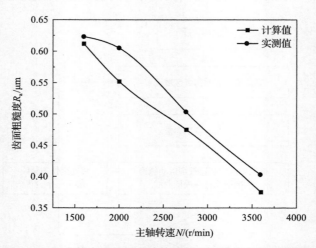

图 2.18　面齿轮齿面粗糙度计算值与实测值分布（主轴转速）

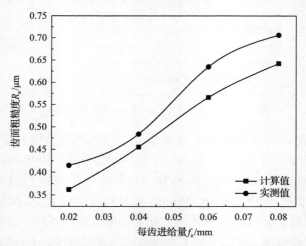

图 2.19　面齿轮齿面粗糙度计算值与实测值分布（每齿进给量）

（3）铣削深度 a_p 对齿面粗糙度 R_a 的影响。当主轴转速为 2000r/min，每齿进给量为 0.02mm，行距为 0.2mm，铣削深度 a_p 分别取 0.02mm、0.05mm、0.08mm、0.11mm 时，经计算得到面齿轮高速铣削齿面粗糙度 R_a 分别为 0.369μm、0.498μm、0.622μm、0.744μm。由图 2.20 可看出，铣削深度 a_p 从 0.02mm 变化到 0.11mm 时，齿面粗糙度明显增大，计算值从 0.369μm 增大到 0.744μm。这是因为随着铣削深度的增加，切削力增大，切削过程中刀具振动加大，齿面粗糙度增大。因此，为了获得更好的齿面粗糙度，在参数选择时应选择较小的铣削深度。

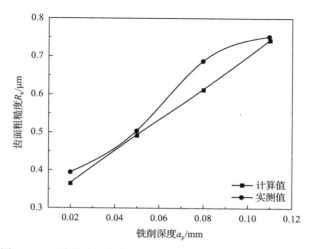

图 2.20　面齿轮齿面粗糙度计算值与实测值分布(铣削深度)

由图 2.18～图 2.20 对比可知,此模型得到的实测值与计算值相对误差的最大绝对值为 12.8%,说明高速铣削面齿轮齿面粗糙度的数学计算模型准确有效。

2.3　影响铣削齿面粗糙度的工艺参数优选与回归分析

2.3.1　铣削齿面粗糙度的正交实验与工艺参数优选

1. 正交实验条件与设计

实验条件:高速铣削面齿轮材料为 18Cr2Ni4WA 合金渗碳钢,实验试件如图 2.12 所示,齿面粗糙度采用粗糙度测量仪(Hommel Werke T8000)测量。

实验中将以对高速铣削齿面粗糙度影响大的三个切削参数(主轴转速 N、每齿进给量 f_z、铣削深度 a_p)作为实验因素,分别表示为 A、B、C。因素 A 的三个水平分别以 A_1、A_2、A_3 表示;因素 B 的三个水平分别以 B_1、B_2、B_3 表示;因素 C 的三个水平分别以 C_1、C_2、C_3 表示,切削因素和水平如表 2.2 所示。

表 2.2　正交实验的切削因素和水平表

水平	因素		
	A-主轴转速/(r/min)	B-每齿进给量/mm	C-铣削深度/mm
1	1600	0.02	0.08
2	2000	0.04	0.05
3	2760	0.06	0.02

　　根据选定的实验因素和水平，采用单因素正交实验法，得到面齿轮高速铣削实验因素水平表如表 2.3 所示。测量齿面粗糙度时，为节省材料和实验次数，齿面需要做标记，标明每个齿面对应的因素。

表 2.3　面齿轮高速铣削实验因素水平表

实验号	因素		
	A	B	C
1	1	1	1
2	1	2	2
3	1	3	3
4	1	4	4
5	2	1	2
6	2	2	1
7	2	3	4
8	2	4	3
9	3	1	3

2. 齿面粗糙度正交实验分析与工艺参数优选

　　不考虑各实验因子之间的交互作用，选用表 $L_9(3^4)$ 正交表，面齿轮高速铣削正交实验结果如表 2.4 所示。

表 2.4　面齿轮高速铣削正交实验结果

实验号	A	B	C	齿面粗糙度 $R_a/\mu m$
1	1	1	1	0.612
2	1	2	2	0.553
3	1	3	3	0.530
4	1	4	4	0.478
5	2	1	2	0.425
6	2	2	1	0.628
7	2	3	4	0.425
8	2	4	3	0.545
9	3	1	3	0.432

　　计算表 2.4 中 A 各个水平所对应齿面粗糙度 R_a 的实验结果之和 K_i^N 为

$$K_1^N = 0.612 + 0.553 + 0.530 = 1.695$$

$$K_2^N = 0.478 + 0.425 + 0.628 = 1.531$$

$$K_3^N = 0.425 + 0.545 + 0.432 = 1.402$$

同样，计算 B 各个水平所对应齿面粗糙度 R_a 的实验结果之和 $K_i^{f_z}$ 为

$$K_1^{f_z} = 0.612 + 0.478 + 0.425 = 1.515$$

$$K_2^{f_z} = 0.553 + 0.425 + 0.545 = 1.523$$

$$K_3^{f_z} = 0.530 + 0.628 + 0.432 = 1.590$$

计算 C 各个水平所对应齿面粗糙度 R_a 的实验结果之和 $K_i^{a_p}$ 为

$$K_1^{a_p} = 0.612 + 0.628 + 0.545 = 1.785$$

$$K_2^{a_p} = 0.553 + 0.478 + 0.432 = 1.463$$

$$K_3^{a_p} = 0.530 + 0.425 + 0.425 = 1.380$$

计算同一因素不同水平之间的极差 R：

$$R_N = 1.695 - 1.402 = 0.293$$

$$R_{f_z} = 1.59 - 1.515 = 0.075$$

$$R_{a_p} = 1.785 - 1.38 = 0.405$$

齿面粗糙度 R_a 的极差分析如表 2.5 所示。

表 2.5　齿面粗糙度 R_a 的极差分析

项目	因素		
	A	B	C
K_1	1.695	1.515	1.785
K_2	1.531	1.523	1.463
K_3	1.402	1.590	1.380
极差 R	0.293	0.075	0.405
齿面粗糙度 R_a	A_3	B_1	C_3
优选方案	N=2760	f_z=0.02	a_p =0.02

由表 2.5 可以看出，当 N、f_z、a_p 分别取第三水平、第一水平、第三水平时，齿面粗糙度达到最低，得到最好的理想效果。由正交表中各水平的均值计算出极差 R，铣削深度 a_p 对齿面粗糙度的影响最大，其次是主轴转速 N，最后是每齿进

给量 f_z。

2.3.2 铣削齿面粗糙度的回归分析

1. 多元线性回归分析数学模型

回归分析是利用数学统计方法对函数进行分析，并进行显著性判断。通过计算得到函数关系公式，一个或多个自变量的变化能够预测到因变量的变化范围，进而得到回归模型的精准度，并进行因素影响分析[46]。

设 y 为可预测的随机变量，非随机因素为 $x_1, x_2, \cdots, x_{p-1}, x_p$，不可预测的随机因素为 ε，其多元线性回归分析数学模型为[46]

$$y = \beta_0 + \beta_1 x_1 + \beta_2 x_2 + \cdots + \beta_{p-1} x_{p-1} + \beta_p x_p + \varepsilon \tag{2.28}$$

$$\varepsilon \sim N(0, \sigma^2) \tag{2.29}$$

式中，$\beta_0, \beta_1, \beta_2, \cdots, \beta_p$ 为回归系数。

对随机因素分别进行 n 次独立实验，得到样本数量为 y_i、x_{i1}、x_{i2}、$\cdots$、x_{ip}（$i=1, 2, 3, \cdots, n$），则有

$$\begin{cases} y_1 = \beta_0 + \beta_1 x_{11} + \beta_2 x_{12} + \cdots + \beta_p x_{1p} + \varepsilon_1 \\ y_2 = \beta_0 + \beta_1 x_{21} + \beta_2 x_{22} + \cdots + \beta_p x_{2p} + \varepsilon_2 \\ \qquad\qquad\qquad\qquad\vdots \\ y_n = \beta_0 + \beta_1 x_{n1} + \beta_2 x_{n2} + \cdots + \beta_p x_{np} + \varepsilon_n \end{cases} \tag{2.30}$$

式 (2.30) 用矩阵可表示为

$$Y = \begin{bmatrix} y_1 \\ y_2 \\ \vdots \\ y_n \end{bmatrix}, \quad X = \begin{bmatrix} 1 & x_{11} & x_{12} & \cdots & x_{1p} \\ 1 & x_{21} & x_{22} & \cdots & x_{2p} \\ \vdots & \vdots & \vdots & & \vdots \\ 1 & x_{n1} & x_{n2} & \cdots & x_{np} \end{bmatrix} \tag{2.31}$$

$$\beta = \begin{bmatrix} \beta_0 \\ \beta_1 \\ \vdots \\ \beta_p \end{bmatrix}, \quad \varepsilon = \begin{bmatrix} \varepsilon_1 \\ \varepsilon_2 \\ \vdots \\ \varepsilon_n \end{bmatrix} \tag{2.32}$$

可得多元线性回归分析数学模型的矩阵表达式为

$$Y = X\beta + \varepsilon \tag{2.33}$$

式中，Y 为因变量的 n 维向量组；X 为 $n\times(p+1)$ 阶矩阵；β 为 $p+1$ 维向量组；ε 为 n 维误差向量。

2. 高速铣削齿面粗糙度的回归模型

为了定性分析高速铣削齿面粗糙度 R_a 和主轴转速 N、每齿进给量 f_z、铣削深度 a_p 之间的数量关系，采用齿面粗糙度回归模型进行分析[45]：

$$R_a = CN^k f_z^{\,l} a_p^{\,m} \tag{2.34}$$

式中，C、k、l、m 为回归待定系数。

对式 (2.34) 两边取自然对数为

$$\ln R_a = \ln C + k \ln N + l \ln f_z + m \ln a_p \tag{2.35}$$

令 $\ln R_a = y$，$\ln C = b_0$，$\ln N = x_1$，$\ln f_z = x_2$，$\ln a_p = x_3$，$k = b_1$，$l = b_2$，$m = b_3$，则对应的线性回归方程为

$$y = b_0 + b_1 x_1 + b_2 x_2 + b_3 x_3 \tag{2.36}$$

自变量 x_1、x_2、x_3 与 y 之间存在线性关系，需要进行九组实验确认 b_0、b_1、b_2、b_3。若规定第一组的自变量为 x_{11}、x_{12}、x_{13}，实验结果为 y_1，依此类推，则有以下对应数据组：

$$x_{11},\ x_{12},\ x_{13};\ y_1$$
$$x_{21},\ x_{22},\ x_{23};\ y_2$$
$$\vdots$$
$$x_{91},\ x_{92},\ x_{93};\ y_9$$

可得如下多元线性回归方程：

$$\begin{cases} y_1 = \beta_0 + \beta_1 x_{11} + \beta_2 x_{12} + \beta_3 x_{13} + \varepsilon_1 \\ y_2 = \beta_0 + \beta_1 x_{21} + \beta_2 x_{22} + \beta_3 x_{23} + \varepsilon_2 \\ \qquad\qquad\qquad \vdots \\ y_9 = \beta_0 + \beta_1 x_{91} + \beta_2 x_{92} + \beta_3 x_{93} + \varepsilon_9 \end{cases} \tag{2.37}$$

式 (2.37) 表示成矩阵形式为

$$Y = X\beta + \varepsilon \tag{2.38}$$

式中，ε 为误差系数。各矩阵形式如下：

$$Y = \begin{bmatrix} y_1 \\ y_2 \\ \vdots \\ y_9 \end{bmatrix}, \quad X = \begin{bmatrix} 1 & x_{11} & x_{12} & x_{13} \\ 1 & x_{21} & x_{22} & x_{23} \\ \vdots & \vdots & \vdots & \vdots \\ 1 & x_{91} & x_{92} & x_{93} \end{bmatrix}$$
$$\beta = \begin{bmatrix} \beta_0 \\ \beta_1 \\ \beta_2 \\ \beta_3 \end{bmatrix}, \quad \varepsilon = \begin{bmatrix} \varepsilon_1 \\ \varepsilon_2 \\ \vdots \\ \varepsilon_9 \end{bmatrix} \tag{2.39}$$

设 $b_0, b_1, \cdots, b_p$ 为参数 $\beta_0, \beta_1, \beta_2, \cdots, \beta_p$ 的最小二乘估计，则回归方程为

$$\begin{cases} Y = b_0 + b_1 x_1 + b_2 x_2 + \cdots + b_p x_p \\ b = (X'X)^{-1} X'Y \end{cases} \tag{2.40}$$

主轴转速转换为切削速度，表达式为 $V = N\pi d / 1000$，d 为铣刀直径（10mm）。由式（2.40）可求得 b_0、b_1、b_2、b_3，代入式（2.35）可得齿面粗糙度的回归模型为

$$R_a = 133.826 N^{-0.6425} f_z^{0.2264} a_p^{0.224} \tag{2.41}$$

式中，N 为 1600～3600r/min；f_z 为 0.02～0.06mm；a_p 为 0.02～0.08mm。

经回归模型的齿面粗糙度与实验值比较验证，二者的相对误差较小，说明齿面粗糙度回归模型较为有效。

2.4　面齿轮齿面测量、修缘与油雾化喷洒可控装置

2.4.1　面齿轮齿面测量与激光精修厚度的确定

为了提高面齿轮的加工质量，可安排高速铣削加工或磨削工序时留有一定的加工余量，再进行最后工序的激光精修。通过对铣削或磨削后的齿面测量，得到齿面误差及差曲面，以确定激光精修厚度，使激光精修时齿面误差较小和表面质量较佳。

1. 面齿轮齿面误差测量及差曲面

1）面齿轮齿面误差测量条件

根据面齿轮齿面方程建立面齿轮模型，使用球形铣刀高速数控铣削得到面齿轮测量样件，如图 2.21 所示，铣削时留有 8μm 的余量，最后工序为飞秒激光加工[47]。

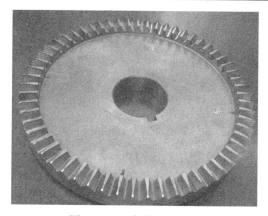

图 2.21　面齿轮测量样件

　　实验中采用德国克林贝尔全自动 CNC 齿轮测量中心 P65 测量该样件的齿面误差。该设备还能进行单齿齿距极限偏差、齿距累积总偏差、齿厚偏差、径向跳动偏差、齿廓总偏差的检测。

　　2) 面齿轮齿面误差测量点划分

　　面齿轮齿面作为点共轭曲面具有复杂性，齿面上每个点的理论齿面法向、齿厚都不相同，因此需要对齿面不同位置进行测量。面齿轮齿面误差的测量设备采用测量头接触测量，需要预先确认测量点的数量、位置和坐标。测量点越密集，测量结果越能更真实、更准确地反映齿面误差。但考虑测量时间和成本，只测量有限点，一般对面齿轮齿面测量点进行 5×9 的网格划分，网格节点即测量点，网格应尽可能覆盖齿面[48]。网格投影示意图如图 2.22 所示，齿轮理论坐标系为 $O\text{-}x_iy_iz$，先在面齿轮单齿的轴向剖面做网格，再将其投影至面齿轮齿面上得到网格。

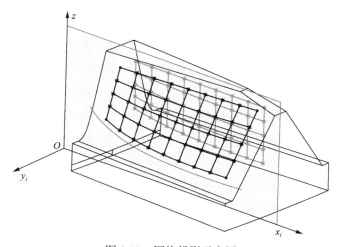

图 2.22　网格投影示意图

面齿轮单齿轴向剖面上的网格划分如图 2.23 所示，考虑齿面边界的存在，轴向剖面网格受齿轮齿顶线、大端齿距线和小端齿距线的约束，大端方向和小端方向缩进 1.75mm，齿顶方向缩进 1mm；考虑到过渡曲面不参与面齿轮工作，轴向剖面网格应位于工作曲面中，受过渡曲线约束，过渡曲线方向缩进 0.5mm。网格划分完成后，网格节点在轴向剖面坐标系 Ox_iz 上的坐标即可确定，将其代入齿面方程得到齿轮理论坐标系 $O\text{-}x_iy_iz$ 中齿面的网格节点坐标和网格节点上的齿面理论法向矢量，坐标原点 O 位于面齿轮内孔圆心；z 轴方向垂直向上，零点位于面齿轮下端面；x_i 轴方向由齿轮内孔圆心向外，位于轴向剖面上；y_i 轴方向由轴向剖面指向齿面向外[47]。

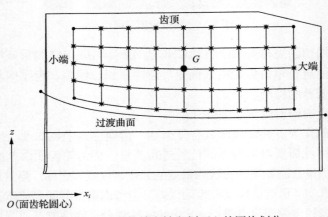

图 2.23   面齿轮单齿轴向剖面上的网格划分

3）面齿轮齿面测量坐标系转换

根据面齿轮测量中心的要求，需要建立如图 2.24 所示的测量坐标系 $G\text{-}xyz$，z 轴方向与齿轮理论坐标系中相同；x 轴方向则由齿轮理论坐标系原点 O 指向网格中心节点 G；y 轴方向由网格节点指向齿面外侧，零点位于网格中心节点 G。其中，φ_c 为 x 轴和 x_i 轴的夹角。

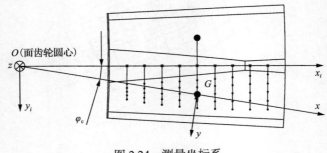

图 2.24   测量坐标系

将齿轮理论坐标系进行坐标转换，得到统一在测量坐标系中的网格节点坐标和齿面法向矢量。设齿轮理论坐标系 $O\text{-}x_i y_i z$ 中齿面网格节点坐标为 $C = (x_c, y_c, z_c)$，齿面法向矢量为 $n_c = (x_{nc}, y_{nc}, z_{nc})$，则测量坐标系中对应的网格节点坐标 $T = (x_t, y_t, z_t)$ 应满足：

$$x_t = \sqrt{x_c{}^2 + y_c{}^2}\cos\left(\arctan\frac{y_c}{x_c} - \varphi_c\right) \tag{2.42}$$

$$y_t = \sqrt{x_c{}^2 + y_c{}^2}\sin\left(\arctan\frac{y_c}{x_c} - \varphi_c\right) \tag{2.43}$$

$$z_t = z_c \tag{2.44}$$

齿面法向矢量 $n_t = (x_{nt}, y_{nt}, z_{nt})$ 应满足：

$$x_{nt} = \sqrt{x_{nc}^2 + y_{nc}^2}\sin\left(\arctan\frac{x_{nc}}{y_{nc}} + \varphi_c\right) \tag{2.45}$$

$$y_{nt} = \sqrt{x_{nc}^2 + y_{nc}^2}\cos\left(\arctan\frac{x_{nc}}{y_{nc}} + \varphi_c\right) \tag{2.46}$$

$$z_{nt} = z_{nc} \tag{2.47}$$

左齿面和右齿面的测量坐标系对称，因此左齿面和右齿面的齿面网格节点坐标与齿面法向矢量相同。

4) 齿面误差测量

由齿面方程计算并坐标转换得到测量坐标系中齿面网格节点的理论坐标值和齿面法向矢量，测量坐标系 $G\text{-}xyz$ 中 y 轴零点以网格中心节点 G 在齿面上的实际接触点为准，可在测量坐标系内测得实际齿面网格节点处的法向误差，即齿廓总偏差 F_a。左齿面和右齿面的网格中心节点 G 之间的实际直线距离为实际齿厚 S_s，与理论齿厚 S_m 比较，得到齿厚偏差 E_s。以网格中心节点为测量点，可测量单齿齿距极限偏差 f_p、齿距累积总偏差 F_p、径向跳动偏差 F_r。高速铣削后得到的齿廓总偏差 F_a 差曲面如图 2.25 所示，图中实线为实测线，虚线为由齿面方程确定的理论线。最后工序飞秒激光加工后得到的齿廓总偏差 F_a 差曲面如图 2.26 所示。比较图 2.25 和图 2.26 可知，相对高速铣削后的齿面，经过飞秒激光加工后的面齿轮实际齿面更接近理论齿面，齿面误差波动小，齿面光洁度更好[48]。

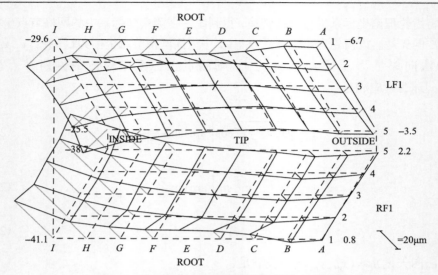

图 2.25 高速铣削后得到的齿廓总偏差 F_a 差曲面

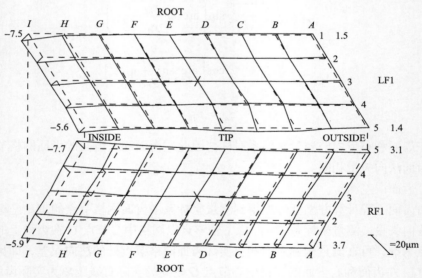

图 2.26 飞秒激光加工后得到的齿廓总偏差 F_a 差曲面

2. 激光精修厚度的确定

面齿轮高速铣削后留有一定的加工余量,待最后工序的飞秒激光加工精修。实际加工坐标系 $G'\text{-}xyz$ 如图 2.27 所示,齿中心顺时针一侧为右齿面,齿中心逆时针一侧为左齿面,以右齿面为例,存在齿厚偏差 $E_{s右}$,实际加工坐标系的 x 轴和齿轮理论坐标系的 x_i 轴的实际夹角为 φ_{ce},因此要先确定左齿面和右齿面的齿厚偏差，才能确定飞秒激光精修厚度[47]。

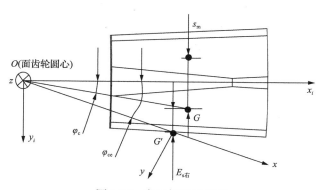

图 2.27　实际加工坐标系

面齿轮的部分齿如图 2.28 所示，任意两个相邻的齿，顺时针前一个齿为齿 Q，其存在左齿面齿厚偏差 $E_{s左Q}$ 和右齿面齿厚偏差 $E_{s右Q}$；顺时针后一个齿为齿 U，其存在左齿面齿厚偏差 $E_{s左U}$ 和右齿面齿厚偏差 $E_{s右U}$；两齿之间存在左齿面单齿齿距极限偏差 $f_{p左}$ 和右齿面单齿齿距极限偏差 $f_{p右}$。面齿轮齿数为 n，顺时针第一个齿为齿 1，顺时针最后一个齿为齿 n，其存在左齿面齿距累积总偏差 $F_{p左1\sim n}$ 和右齿面齿距累积总偏差 $F_{p右1\sim n}$。上述参数满足式(2.48)，由此确定每个齿的左齿面和右齿面的齿厚偏差 $E_{s左}$ 和 $E_{s右}$。

$$\begin{cases} f_{p左} = E_{s左Q} - E_{s左U} \\ F_{p左1\sim n} = E_{s左1} - E_{s左n} \\ f_{p右} = E_{s右U} - E_{s右Q} \\ F_{p右1\sim n} = E_{s右n} - E_{s右1} \\ E_{s} = E_{s左} + E_{s右} \end{cases} \qquad (2.48)$$

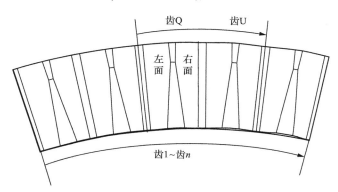

图 2.28　面齿轮的部分齿

以右齿面为列，确定右齿面齿厚偏差 $E_{s右}$ 后，可以确定 x_i 轴和 x 轴的实际夹角 φ_{ce}，确定实际测量坐标系 $G\text{-}xyz$ 的定位。再根据每个网格节点的齿廓总偏差 F_a，结合测量坐标系中齿面网格节点的理论坐标值 T 与齿面法向矢量 n_t 得到测量坐标系中齿面网格节点的实际坐标值 $T_e = (x_e, y_e, z_e)$，其应满足：

$$x_e = \frac{F_a \cdot x_{nt}}{\sqrt{x_{nt}^2 + y_{nt}^2 + z_{nt}^2}} + x_t \tag{2.49}$$

$$y_e = \frac{F_a \cdot y_{nt}}{\sqrt{x_{nt}^2 + y_{nt}^2 + z_{nt}^2}} + y_t \tag{2.50}$$

$$z_e = \frac{F_a \cdot z_{nt}}{\sqrt{x_{nt}^2 + y_{nt}^2 + z_{nt}^2}} + z_t \tag{2.51}$$

将上述测量坐标值转换成齿轮理论坐标系 $O\text{-}x_iy_iz$ 中的实际坐标值 $T_f = (x_{if}, y_{if}, z_f)$，其应满足：

$$x_{if} = \sqrt{x_e{}^2 + y_e{}^2} \cos\left[\arctan\left(y_c / x_c\right) + \varphi_{ce}\right] \tag{2.52}$$

$$y_{if} = \sqrt{x_e{}^2 + y_e{}^2} \sin\left[\arctan\left(y_c / x_c\right) + \varphi_{ce}\right] \tag{2.53}$$

$$z_f = z_e \tag{2.54}$$

由齿轮理论坐标系 $O\text{-}x_iy_iz$ 下的实际坐标值 T_f 和齿面方程计算的理论坐标值 C，得到误差向量 $n_h = T_f - C$，再得到飞秒激光精修厚度 ΔH 为

$$\Delta H = \frac{n_h \cdot n_c}{|n_c|} \tag{2.55}$$

飞秒激光精修厚度如图 2.29 所示，以单齿轴向剖面为拓扑面，以网格节点的激光精修厚度为依据，使用 MATLAB 的 "v4" 插值算法扩展得到整个齿面的飞秒激光精修厚度差曲面。

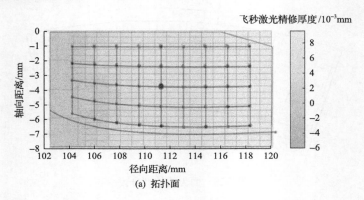

(a) 拓扑面

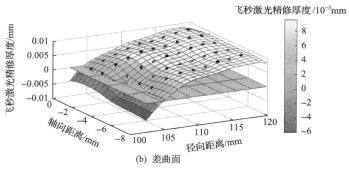

图 2.29　飞秒激光精修厚度

2.4.2　面齿轮修缘高度及修缘量的确定方法

1. 面齿轮修缘技术背景

面齿轮传动装配啮合位置示意图如图 2.30 所示，面齿轮与直齿圆柱齿轮啮合时端面重叠系数不是恒定的，依据不同的面齿轮与直齿圆柱齿轮参数，其端面重叠系数会在 1～2(1 对～2 对轮齿啮合)、2～3(2 对～3 对轮齿啮合)或 3～4(3 对～4 对轮齿啮合)变化，在齿轮加载啮合时，齿轮轮齿受力情况就会随着端面重叠系数的变化(承载的轮齿数目变化)而变化。进一步分析得出，轮齿在齿顶啮合时端面重叠系数最大，在节圆啮合时端面重叠系数最小，轮齿在节圆位置受力最大，所产生的压变形量就最大；轮齿在齿顶位置受力最小，所产生的压变形量就最小，这相当于轮齿齿面的齿顶部位齿厚方向微量厚一些，轮齿齿顶在进入啮合时产生啮合干涉，从而产生面齿轮的啮入噪声。为避免这种啮入噪声，需要对面齿轮靠近齿顶的齿面进行减薄修缘，面齿轮修缘高度是依据面齿轮重合系数变化临界点作为修缘高度的起始点，齿顶齿面的修缘量为最大[49]。

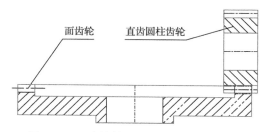

图 2.30　面齿轮传动装配啮合位置示意图

将面齿轮的原始齿形参数和修缘齿形参数作为数控精磨面齿轮不同部位齿形的依据，通过对面齿轮修缘高度的计算和齿顶修缘量的确定，为降低面齿轮的啮合噪声打下基础。

2. 面齿轮修缘技术方案

1) 齿形在计算机上定位

在确定面齿轮修缘高度和齿顶修缘量之前，需要在计算机上将面齿轮的齿形进行定位。直齿圆柱齿轮与面齿轮配对，已知直齿圆柱齿轮有关参数：齿数 (Z_1)、模数 (M_n)、压力角 (α)、齿顶圆直径 (d_{a1})、齿根圆直径 (d_{o1})、分圆直径 (d_{h1})、分圆法向弧齿厚 (S_{n1})，已知面齿轮有关参数：齿数 (Z_2)、模数 (M_n)、压力角 (α)、齿全高 (H)、齿顶高 (h_a)、大端外圆分圆弧齿厚 (S_{n2})。根据两齿轮的安装中心距 (A)，可在计算机上定位一对齿轮的形状及配合位置[49]，如图 2.30 所示。

2) 面齿轮修缘高度的计算方法

面齿轮大端外圆的一个齿形相当于将一根直齿条进行 360° 环形弯曲而形成的齿形，当直齿圆柱齿轮与靠近面齿轮大端外圆啮合时，可近似为直齿圆柱齿轮与直齿条的啮合，直齿圆柱齿轮与靠近面齿轮大端外圆的啮合放大示意图如图 2.31 所示。

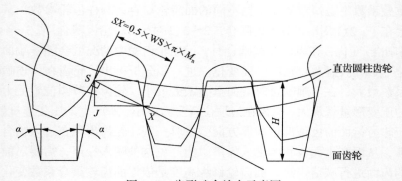

图 2.31　齿形啮合放大示意图

依据直齿圆柱齿轮与面齿轮的啮合线长度 L 计算两齿轮啮合重合度。啮合重合度 ε 包括整数 (ZS) 部分和尾数 (WS) 部分，将尾数 (WS) 部分的 1/2 换算成面齿轮轮齿顶部至下面的距离，即所求的面齿轮修缘高度 H_{xy}。

直齿圆柱齿轮与面齿轮的啮合线长度 L 为

$$L = 0.5 \times \sqrt{d_{a1}^2 - d_{o1}^2} - 0.5 \times \sqrt{d_{h1}^2 - d_{o1}^2} \tag{2.56}$$

直齿圆柱齿轮与面齿轮的啮合重合度 ε 为

$$\varepsilon = L / (\pi \times M_n) \tag{2.57}$$

面齿轮齿廓线是在以面齿轮定位面为基准的一个平面上平行移动的，由图 2.31

可看出，在 $\triangle SJX$ 中：$\angle SXJ = \alpha$，$H_{xy} = SJ = SX \times \sin\alpha = 0.5 \times WS \times \pi \times M_n \times \sin\alpha$。

3）面齿轮修缘量的计算方法

轮齿在加载情况下将发生变形，对于已修缘的面齿轮，可在齿廓面接触痕迹均匀时得出齿顶上修缘量 xy_1，若齿顶齿廓面上磨损光亮，运转时噪声偏大，则修缘量偏小，需加大 0.01～0.015mm。加载运转后对齿廓面进行判断，经过 0～4 次上述过程，就可得到面齿轮修缘量，具体过程如下：

（1）在面齿轮成型加工时，初始设定 $xy_{11}=0.006M_n$，加工后对面齿轮加载循环，观察轮齿齿廓面接触痕迹情况，若接触痕迹均匀，则得出面齿轮修缘量为 $0.006M_n$。

（2）若过程（1）后接触痕迹依然不均匀，则调整面齿轮齿顶的修缘量 $xy_{12}=xy_{11}+(0.01～0.015)$，加工后对面齿轮加载循环，观察轮齿齿廓面接触痕迹情况。若接触痕迹均匀，则得出面齿轮修缘量为 $xy_{11}+(0.01～0.015)$。

（3）若过程（2）后接触痕迹依然不均匀，则调整面齿轮齿顶的修缘量 $xy_{13}=xy_{12}+(0.01～0.015)$，加工后对面齿轮加载循环，观察轮齿齿廓面接触痕迹情况。若接触痕迹均匀，则得出面齿轮修缘量为 $xy_{11}+(0.02～0.03)$。

（4）若过程（3）后接触痕迹仍不均匀，则重复上面的过程 0～4 次后，得出对面齿轮合理的修缘量 xy_1。

2.4.3　高速准干切削的冷却润滑油雾化喷洒可控装置

1. 技术背景

现有零件加工过程中冷却技术主要是将冷却液或者冷却油用泵抽取，通过导管，从喷嘴直接喷到工件和刀具上。高速切削对加工零件的精度要求较高，加工现场操作空间的限制导致普通的冷却方法并不适用，并且没有控制流量的装置，通常会使冷却油流量非常大，而高速切削的主轴转速通常达到 15000r/min 以上，冷却油对工作环境的污染较严重，并造成冷却油一定程度的浪费，因此普通的冷却方法并不适用于高速准干切削的情况[50]。

2. 技术结构方案

高速准干切削的冷却润滑油雾化喷洒可控装置如图 2.32 所示，该装置包括雾化缸 1、汽油混合管直通快速接头 2、汽油混合 T 型接头 3、进气管 4、进油管 5、电磁单向阀 6、滤清器 7、回油管直通快速接头 8、回油管 9、带有橡胶密封圈的活动板 10、输出管直通快速接头 11、雾化喷嘴 12、出油管 13、红外测温仪 14、温控开关 15。汽油混合 T 型接头 3 的结构如图 2.33 所示，该结构包括汽油混合 T 型接头汽油出口端 31、汽油混合 T 型接头进油端 32、汽油混合 T 型接头进气端 33。

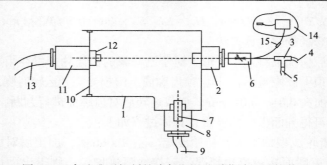

图 2.32　高速准干切削的冷却润滑油雾化喷洒可控装置

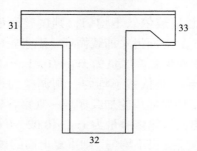

图 2.33　汽油混合 T 型接头结构

雾化缸 1 右侧壁上设有汽油混合管直通快速接头 2，电磁单向阀 6 与汽油混合管直通快速接头 2 连接。电磁单向阀 6 与温控开关 15 连接，还与汽油混合 T 型接头汽油出口端 31 连接，温控开关 15 与红外测温仪 14 连接。汽油混合 T 型接头进气端 33 与进气管 4 连接，汽油混合 T 型接头进油端 32 与进油管 5 连接。雾化缸 1 底部设有回油管直通快速接头 8，回油管直通快速接头 8 与滤清器 7 连接，回油管 9 与回油管直通快速接头 8 连接；雾化缸 1 的左侧设有带有橡胶密封圈的活动板 10，带有橡胶密封圈的活动板 10 上设有输出管直通快速接头 11，输出管直通快速接头 11 与雾化喷嘴 12、出油管 13 连接。

红外测温仪 14 的结构如图 2.34 所示，该结构包括光学探头 16、电子显示器 17、传输光纤 18。光学探头 16 和电子显示器 17 通过传输光纤 18 相互连接，同时红外测温仪通过传输光纤 18 与温控开关 15 相连接(图 2.32)。

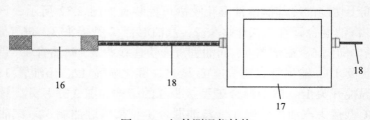

图 2.34　红外测温仪结构

3. 技术实施方式

高速准干切削的冷却润滑油雾化喷洒可控装置的工作原理：在开始进行铣削前 2～3h，先对红外测温仪进行校正，再将其置于恒定室温下测量，并与多个温度计进行比较。实施方式如下[50]：

(1)电磁单向阀 6 与汽油混合管直通快速接头 2 在同一水平线上，电磁单向阀 6 的通径需要比汽油混合管直通快速接头大。

(2)将加工中心里之前残留的加工废料进行清洁，并对其进行通风，清除加工环境中的粉尘、蒸气等，待 2～3h 后加工中心环境温度保持恒定，避免热污染对传感器热敏电阻的影响。

(3)加工开始时红外测温仪 14 探测到工件表面温度的变化，反馈调节使温控开关控制电磁单向阀的通断，同时压缩空气通过汽油混合 T 型接头进气端 33 进入，从汽油混合 T 型接头汽油出口端 31 喷出，从而在内部形成负压，使冷却油液沿着进油管通过汽油混合 T 型接头进油端 32 进入雾化缸 1 内部，继续在压缩空气的作用下在雾化缸内部形成油雾，雾化缸内的油雾通过雾化喷嘴进一步被雾化，经过输出管直通快速接头 11 喷在零件加工表面，从而达到冷却润滑的作用。

(4)加工工序完成后，在带有橡胶密封圈的活动板 10 的向内推动下，雾化缸 1 内残留的油液经过滤清器 7 的过滤通过回油管 9 回到油箱，从而达到减少浪费和循环利用的目的；同时带有橡胶密封圈的活动板 10 是可拆卸的，便于对雾化缸内部的清洁和保养。

4. 可控装置的效果

使用高速准干切削的冷却润滑油雾化喷洒可控装置的效果如下[50]：

(1)准干切削综合干切削和湿切削两者的优势，将微量的润滑液以很高的速度喷向高温切削区，从而达到冷却、润滑和排屑的作用。

(2)加工后的刀具、工件和切屑都是干燥的、清洁的，避免了后期的处理，因此这种冷却方式更加环保。

(3)在准干切削的冷却方式中，冷却油雾在工件的加工表面是直接雾化的，这部分不可回收，而采用有需才供的方式，可以有效地避免因冷却液的持续供应而产生的浪费。

(4)在缸内部分没有喷出的油雾在缸底凝结成油液后，又可以经过滤清器回油管回到油箱，进一步避免冷却液的浪费。

(5)采用雾化缸和雾化喷嘴等结构装置，利用高压空气使油液在雾化缸内雾化成油气混合体，再由回油管导出，使用方便、耗油量小、喷洒精度高，适用于高速铣削加工。

第 3 章　螺旋锥齿轮的脉冲激光精微修正机理与工艺

3.1　脉冲激光修正螺旋锥齿轮齿面的物理过程与机理

3.1.1　激光与金属材料的一般作用过程

激光加工主要是通过激光与材料的相互作用来完成的，当激光辐照金属材料时，材料内自由电子吸收能量后会发生高频振动现象，通过激光辐射的部分振动向外散失能量，其余能量转换成电子的平均动能，再通过电子与晶格间的作用转化成热能，调节激光的能量密度使得材料达到熔点，从而实现材料的烧蚀与加工[51]。材料吸收激光能量后，材料内部结构发生一系列变化，作用过程如图 3.1 所示。

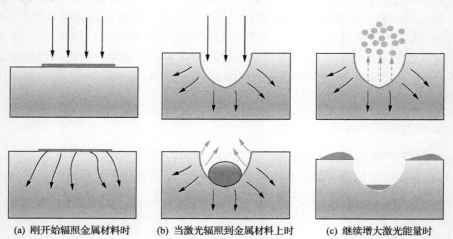

(a) 刚开始辐照金属材料时　　(b) 当激光辐照到金属材料上时　　(c) 继续增大激光能量时

图 3.1　激光与金属材料作用过程

激光刚开始辐照金属材料时，材料表面平整，脉冲激光能量较为集中，表面材料吸收能量后的温度逐渐升高，由于热传递的作用，部分能量会在材料内部进行扩散，如图 3.1(a) 所示；当激光辐照到金属材料上时，部分能量会被周围气压或材料反射而散失，部分激光能量进入材料表面，当表面温度达到其熔化温度时，该辐照区域会发生剧烈的熔化现象，熔化的材料堆积在烧蚀坑底，激光能量随着烧蚀区域的增大而向烧蚀坑内壁及坑底扩散，如图 3.1(b) 所示；继续增大激光能量，激光能量继续向坑壁及坑口传递，当材料表面温度达到其汽化温度时，坑底的熔融物通过汽化作用由固液混合状态转化为气态排出，部分熔融物堆积在坑底或烧蚀区域附近，如图 3.1(c) 所示[51]。

3.1.2　纳秒激光烧蚀机制与动态作用效应

1. 纳秒激光烧蚀机制

纳秒激光作用在齿轮材料表面时，一部分激光能量被齿轮材料反射而散失，另一部分能量被材料表层所吸收，然后齿轮材料表面温度快速上升，当激光能量足够大时，材料逐渐熔化、汽化，在高温、高压的作用下，溅射产生等离子体[52]。根据超热理论，可以将纳秒激光烧蚀区域分为高温等离子区域、液态层区域和固相层区域等三个区域，如图 3.2 所示。

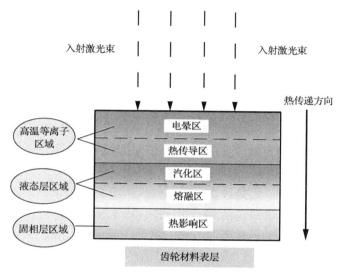

图 3.2　纳秒激光烧蚀机制

当在高温高压下形成等离子区后，靠近入射激光束的最外层区域形成电晕区，电晕区内高温高压使周围空气产生电离，主要的激光能量以逆韧致辐射的吸收作用方式沉积在电晕区，为下一阶段的热传导储备能量[53]。由于电晕区内存在温度梯度，储备在电晕区的激光能量进入热传导区，通过热传递将激光能量传递给熔融区，热传导区不会影响能量的传输。齿轮材料吸收能量后，齿面温度迅速升高，达到其熔化温度后材料开始熔化，当齿面温度达到材料的汽化温度后，熔化成液态的材料逐渐转化为蒸气与液滴的混合物，熔融区与气化区共同组成了液态层区域。在熔融区以下的区域为材料的固态区域，又称为固相层区域，此区域的材料温度随着激光能量的注入而升高，形成温度梯度，越接近熔融区温度越高，虽然固相层区域吸收了激光能量，但温度没有达到齿轮材料的熔化温度，材料不会熔化。纳秒脉冲激光烧蚀材料的过程实际上是一个三维传热的问题，但是由于其作用时间为毫秒至皮秒级，热传递在如此短暂的时间内宏观上扩散的距离极小，即纳秒激光的烧蚀凹坑深度在纳米及微米级别，材料的烧蚀凹坑深度要比平行于材料表面熔融面积的线度小几个量级，可以视为脉冲激光的能量垂直于材料表面传递，可理想简化为一维的热流问题[54]。

在齿轮材料表面的传热方程的一般形式为

$$\rho c \left(\frac{\partial T}{\partial t} \right) = \frac{\partial}{\partial x} \left(k_s \frac{\partial T}{\partial x} \right) + S(x,t) \tag{3.1}$$

式中，ρ 为齿轮材料的密度；c 为液相时材料的比热；k_s 为齿轮材料的热导率；T 为材料表面的温度；t 为脉冲激光作用时间；$S(x,t)$ 为脉冲激光热源项，其表达式为

$$S(x,t) = (1-R)F(t)\exp(-\beta t) \tag{3.2}$$

式中，R 为材料的反射系数；β 为材料吸收率；$F(t)$ 为脉冲激光的能量密度。

2. 纳秒激光动态作用效应

纳秒激光烧蚀齿轮材料的过程较为复杂。首先，齿轮材料的表层物质会吸收激光能量，吸收能量的表面薄层被瞬间加热，表面温度快速升高。与此同时，激光能量向材料的内部继续传递，从而加热层的厚度不断增加，温度梯度随着能量传递深度的增大而缩减，大部分激光能量先被材料表层吸收，当能量密度足够高时，能量从激发态的电子通过剧烈碰撞直接传递给材料的晶格系统，吸收能量后材料中的分子不断热运动，逐渐摆脱周围粒子对自身的束缚，从而会发生一系列复杂的动量变化现象，如热传递、蒸发、汽化等[55]。以下主要考虑纳秒激光的脉冲能量累积效应与蒸发效应。

1）脉冲能量累积效应

在纳秒激光烧蚀齿轮材料 20CrMnTi 的过程中，能量传递时部分损失在外界环境中，而主要的激光能量被材料吸收，材料内部温度快速升高，逐渐产生熔化、汽化现象[51]。图 3.3 为脉冲能量累积效应模型，随着脉冲数逐渐增大，材料吸收的能量逐渐累积，齿轮表面的烧蚀凹坑深度逐渐增大。

前一个激光脉冲辐照后累积的能量转化为后一个脉冲辐照的入射激光能量，应用数学求和公式来构建脉冲能量累积效应的基本模型。激光束通过聚焦透镜聚焦后辐射到材料表面，而脉冲能量在材料表面的分布是不均匀的，采用电荷耦合器件（charge coupled device, CCD）成像技术可以观测到激光束辐射能量的空间分布为高斯分布（即正态分布），脉冲激光的能量密度可表示为[56]

$$F(t) = F_{\max} \exp\left[-\frac{(t - \tau/2)^2}{2\sigma^2}\right] \tag{3.3}$$

式中，τ 为脉宽；$F_{\max}$ 为最大脉冲激光能量密度；σ 为改变脉冲时间尺度的参数。

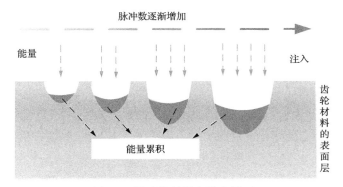

图 3.3　脉冲能量累积效应模型

激光能量被合金材料吸收后在材料内部传递，其能量传递按照指数规律衰减，沿着激光束辐照方向，烧蚀凹坑深度为 x 时，入射脉冲激光的能量密度可表示为

$$F(x,t) = \beta b F(t) \exp(-bx) \tag{3.4}$$

式中，β 为合金材料吸收脉冲激光的速率，即吸收率；b 为吸收系数。

考虑到纳秒激光束能量的强度分布为高斯分布，其能量密度与横截面半径的关系为

$$F(r) = F_{\max} \exp\left(\frac{-2r^2}{\omega^2}\right) \tag{3.5}$$

式中，r 为激光束横截面半径；ω 为束腰半径。

设 s 为能量累积系数，齿轮材料吸收的能量随着每个脉冲激光辐照而逐渐累积，可以得到烧蚀凹坑深度为 x 时，第 a 个脉冲激光辐照后能量密度的表达式为

$$Q_{\mathrm{L}} = b\beta \exp(-bx)F(t)\frac{s(1-s^a)}{1-s} \tag{3.6}$$

2) 蒸发效应

当纳秒激光的能量密度达到 20CrMnTi 的烧蚀阈值时，材料表面熔化，出现蒸发现象，在烧蚀凹坑底部产生蒸气泡，材料的沸点随周围蒸气压的急剧增加而

升高，激光沉积于材料表面的热量被带走。由于激光能量密度比较集中，熔化后的材料表面温度快速上升并达到材料的汽化温度，在凹坑底部产生较大的气压差，合金与蒸气泡的混合物通过凹坑口排出[53]，蒸发效应过程如图 3.4 所示。

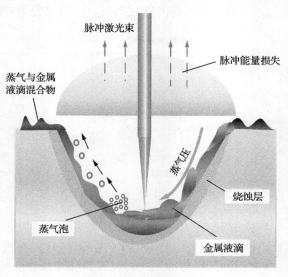

图 3.4　蒸发效应过程

采用蒸发速度表达式与克劳修斯-克拉佩龙（Clausius-Clapeyron）方程，根据单位面积材料蒸发带走的热流量构建蒸发效应基本模型。蒸发效应热流量为

$$Q_{Z} = c\rho\mu_{r}\frac{\partial T}{\partial x} \tag{3.7}$$

式中，Q_Z 为单位面积材料蒸发带走的热流量；μ_r 为材料的蒸发速度，表达式为

$$\mu_{r} = \frac{p_z C_s}{\rho\left(2\pi k_B T/m\right)^{1/2}} \tag{3.8}$$

式中，p_z 为饱和蒸气气压；C_s 为黏滞系数；k_B 为玻尔兹曼常数；m 为粒子的平均质量；T 为温度。

饱和蒸气气压与温度的关系可以用 Clausius-Clapeyron 方程计算得到，即

$$p_{z} = p_0 \exp\left[\frac{\Delta H_v(T_L)m}{k_B}\left(\frac{1}{T_L} - \frac{1}{T}\right)\right] \tag{3.9}$$

式中，p_0 为一个标准大气压；$\Delta H_v(T_L)$ 为在材料温度为 T_L 时材料的蒸发热。

3.1.3　飞秒激光烧蚀作用机制与作用机理

1. 飞秒激光烧蚀作用机制

飞秒激光的烧蚀过程中，能量吸收机制为非线性吸收，飞秒激光的能量强度在时间尺度上不同的作用机制影响着材料的去除情况，图 3.5 为飞秒激光烧蚀材料的作用机制。

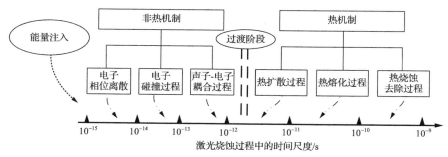

图 3.5　飞秒激光烧蚀材料的作用机制

在初级电子吸收能量时，受激电子对材料有着较短暂的相干极化现象。烧蚀时间在 10^{-14}s 的量级以内时，电子会发生相位离散，此时的离散现象会改变激态电子的相位，但是不会改变电子的能量大小与分布，激光跃迁的初始能态对应着受激态电子的初始分布。烧蚀时间在 10^{-13}s 的量级以内时，电子吸收光子能量后，内部状态发生改变，低能态电子会向高能态电子跃迁，电子系统内部高能态电子会发生碰撞，此时费米-狄拉克(Fermi-Dirac)分布可近似表示电子的能量分布情况，在这个时间量级内的温度能够反映电子系统温度的变化，并且此刻的电子经过相互碰撞，形成电子系统的"热化"过程。烧蚀时间在 $10^{-13} \sim 10^{-12}$s 的量级时，电子系统碰撞增温后达到一种平衡状态，紧接着发射声子，进行声子-电子的能量耦合作用，持续的时间为几百飞秒。声子是一种能量振动子，它是电子能量弛豫的主要方式，由于电子质量与原子质量的差别较大，电子系统通过辐射声子来传递能量，这种辐射声子的过程称为电子的冷却。烧蚀时间在 $10^{-12} \sim 10^{-11}$s 的量级时，声子与材料晶格之间发生热扩散，电子与晶格系统的温度、能量从非平衡状态过渡到新的平衡状态，最终达到一种热平衡状态，声子的弛豫过程能够影响晶格系统内的温度变化。热平衡将整个激光烧蚀过程分为非热熔过程和热熔过程。烧蚀时间在 10^{-10}s 的量级后，进入材料的热烧蚀阶段。当材料晶格内吸收的能量足够多时，达到材料的熔化或汽化温度，通过高温高压作用完成对材料的烧蚀[51]。

2. 飞秒激光烧蚀作用机理

飞秒激光烧蚀作用机理较传统激光烧蚀不同，它是通过声子-电子-晶格系统的相互耦合作用完成烧蚀的[57]。图 3.6 为飞秒激光烧蚀齿轮材料表面的作用机理，该图模拟了螺旋锥齿轮表面加工余量的精微去除。当高斯脉冲光束作用在材料表面时，由于飞秒激光的脉冲极短，位于材料表层的电子吸收激光能量光子，激光能量在极短的时间内大量沉积，高频振荡的电子会通过韧致辐射的作用吸收光子能量，此时的电子系统的温度会快速升高。激光能量会通过声子与电子系统的碰撞而传递给晶格系统，由于激光的脉宽小于电子-声子耦合时间，辐射声子的冷却过程与热扩散过程均可忽略。当晶格吸收足够多的能量时，材料会发生熔化、蒸发、汽化等现象。当飞秒激光烧蚀合金材料的电子与晶格的平衡温度达到材料的熔化温度时，金属就会出现烧蚀破坏，最终完成齿轮材料加工余量的去除[51]。

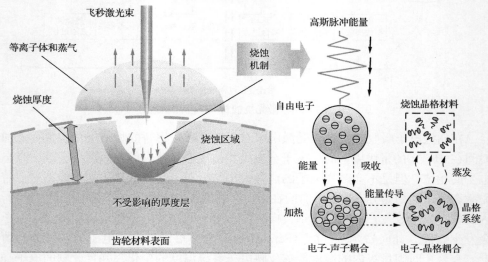

图 3.6　飞秒激光烧蚀齿轮材料表面的作用机理

　　飞秒激光烧蚀齿轮材料的过程是一个非平衡烧蚀过程，当激光辐照到齿轮表面时，材料表面的温度随着激光能量的增大而升高，而电子系统与晶格系统的热容是不同的，电子系统的热容要小得多，因此电子首先吸收激光能量，从而辐照初期电子和晶格的温度并不相等，电子系统与晶格系统处于一种非热平衡状态，可以通过双温方程来描述电子系统与晶格系统温度的变化规律。飞秒激光的峰值功率较高，脉冲作用时间较短，只需要较小的激光能量就可以完成烧蚀，极大地提高了激光能量的使用效率。电子系统吸收了大量激光能量，通过系统间的运动释放与传递能量，这从根本上避免了激光能量的线性吸收、热破坏等现象的发生。当电子温度较低时，齿轮材料的吸收率可以视为常数，如纳秒激光烧蚀，而飞秒激光首先是电子加热到高温高压，当齿面吸收的能量足够多时，材料的吸收系数和吸收效率是动态变化的，因此在飞秒激光修正齿轮材料的过程中，需要考虑材料对激光能量的吸收率变化[51]。

材料的吸收系数与材料的电阻温度系数、激光波长、温度等因素有关，吸收系数 b 可表示为

$$b = 2\sqrt{\frac{\pi\sigma}{c\varepsilon_0\lambda_0}} \tag{3.10}$$

式中，c 为激光传播速度；ε_0 为真空介电常数；λ_0 为激光波长。在激光辐射条件下，$\sigma(T_e)$ 是电子系统温度 T_e 的线性函数，可表示为

$$\sigma(T_e) = \frac{\sigma_0}{1 + \alpha(T_e - T_0)} \tag{3.11}$$

式中，T_0 为未发生烧蚀时材料的初始温度；σ_0 为材料在 300K 时的电导率；α 为材料的电阻温度系数。

当飞秒激光辐照到材料时，齿轮材料的吸收率主要与电阻温度系数、激光波长、齿面温度等有关，吸收率可以表示为

$$\beta(T_e) = 2\sqrt{\frac{c\pi\varepsilon_0 + \alpha c\pi\varepsilon_0(T_e - T_0)}{\sigma_0\lambda_0}} \tag{3.12}$$

3.2　脉冲激光精微修正螺旋锥齿轮齿面的传热物理模型与仿真

3.2.1　纳秒激光修正齿面的传热物理模型与数值仿真

1. 纳秒激光修正齿面的传热物理模型

纳秒脉冲激光束辐照到 20CrMnTi 表面后，材料吸收能量，金属离子与激光相互作用，材料表面出现熔化、蒸发等现象[58]。纳秒激光修正齿面的传热物理模型需要考虑激光能量分布、脉冲能量累积效应和蒸发效应等，并将它们耦合，其可表示为[56]

$$\rho c\left(\frac{\partial T_l}{\partial t} - \mu_r\frac{\partial T_l}{\partial x}\right) = \frac{\partial}{\partial x}\left(k_s\frac{\partial T_l}{\partial x}\right) + b\beta\exp(-bx)\ F(t)\frac{s(1-s^a)}{1-s}, \quad \tau_m \leqslant t \leqslant \tau \tag{3.13}$$

式中，T_l 为液相合金的温度；τ_m 为齿轮材料从受热到发生熔融的时间，

$$\tau_m = \frac{3\rho c k_s(T - T_0)^2}{4(1-\beta)^2 F_{max}^2} \tag{3.14}$$

脉冲激光烧蚀齿轮材料的前表面主要考虑能量累积蒸发效应的影响，前表面

的边界条件为

$$-k_{\mathrm{s}}\frac{\partial T(x,t)}{\partial x}\Big|_{x=0} = \beta F_0(t)\frac{s(1-s^a)}{1-s} - L\rho\mu_{\mathrm{r}}, \quad \tau_{\mathrm{m}} \leqslant t \leqslant \tau \tag{3.15}$$

式中，L 为蒸发焓。

短脉冲激光的作用过程很短，在齿轮材料后表面不会有大量的热辐射损失，对齿轮材料的后表面采用绝热假设，则齿轮材料后表面的边界条件可以表示为

$$-k_{\mathrm{s}}\frac{\partial T(x,t)}{\partial x}\Big|_{x=d} = 0, \quad 0 < t \leqslant T \tag{3.16}$$

纳秒激光烧蚀的初始条件为：未发生烧蚀齿轮材料的温度均为 300K。

2. 纳秒激光修正齿面的温度场数值仿真

1) 有限差分法

由于传热物理模型的物理方程计算较为复杂，变量较多，可以通过有限差分法来进行复杂偏微分方程的求解计算[54]。

有限差分法能够以一个小区域的数值计算，对所需要求解的数值区域进行网格划分，将连续变化的自变量转化为离散变量的形式，即转化为有限的网格点进行求解。图 3.7 为连续函数离散化的网格区域划分，在时间尺度 t_m 和空间尺度 X_n 上对方程进行网格划分，可得到方程中任意一点的坐标为 (t_i, X_j) ($i=1,2,\cdots,m$；$j=1,2,\cdots,n$)。

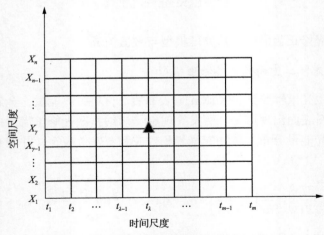

图 3.7　有限差分法网格划分

当计算齿轮表面的温度时，可采用有限差分法，将复杂连续的传热问题离散化，其分析步骤如下[51]：

(1)区域离散化。将脉冲激光修正齿面的传热方程视为偏微分方程的求解，确

定初始条件与边界条件，将求解区域离散化，并细分为有限个格点组成的网格，即将齿面温度细化为有限个格点的温度。

(2)构建传热方程的差分格式，求解差分方程。通常差分方程为一组线性方程，采用有限差分公式替代每一个格点的导数，通过消元法或迭代法求解偏微分方程。

(3)进行收敛性分析。求解偏微分方程的过程中，原微分方程的解为采用消元法或迭代法求得的解的集合，需要对所求得离散解的收敛性进行分析，判断是否趋于真解。

2)齿面温度场数值仿真

采用有限差分法对传热方程进行求解，脉冲激光烧蚀过程中齿轮材料前表面边界条件的差分形式为

$$-k_s \frac{T_1^{(\lambda)} - T_0^{(\lambda)}}{\Delta x} = \frac{s(1-s^a)}{1-s} \beta F_{\max} \exp\left(-\frac{2r^2}{\omega^2}\right) \exp\left[-\frac{(\Delta t \cdot \lambda - \tau/2)^2}{2\sigma^2}\right] - \rho \mu_r L \quad (3.17)$$

纳秒激光修正齿面传热物理模型的差分形式为

$$\rho c \left[\frac{T_{(\gamma)}^{(\lambda+1)} - T_{(\gamma)}^{(\lambda)}}{\Delta t} - \mu_r \frac{T_{(\gamma+1)}^{(\lambda)} - T_{(\gamma)}^{(\lambda)}}{\Delta x}\right] = k_s \frac{T_{(\gamma+1)}^{(\lambda)} - 2T_{(\gamma)}^{(\lambda)} + T_{(\gamma-1)}^{(\lambda)}}{(\Delta x)^2}$$
$$+ bF_{\max} \exp\left(-\frac{2r^2}{\omega^2}\right) \exp(-b\gamma\Delta x) \frac{s(1-s^a)}{1-s} \exp\left[-\frac{(\Delta t \cdot \lambda - \tau/2)^2}{2\sigma^2}\right] \quad (3.18)$$

式中，$T_{(\gamma)}^{(\lambda+1)}$ 为空间尺度坐标值 γ 在时间尺度坐标值 $\lambda+1$ 下的温度；λ 为时间尺度坐标值；Δt 为时间步长；Δx 为沿着激光束方向烧蚀凹坑深度的空间步长。

将纳秒激光修正齿面传热物理方程进一步进行简化处理，可得

$$T_{(\gamma)}^{(\lambda+1)} = \left[\frac{k_s \Delta t}{\rho c (\Delta x)^2} + \frac{\mu_r \Delta t}{\Delta x}\right] T_{(\gamma+1)}^{(\lambda)} + \left[1 - \frac{\mu_r \Delta t}{\Delta x} - \frac{2k_s \Delta t}{\rho c (\Delta x)^2}\right] T_{(\gamma)}^{(\lambda)} + \frac{k_s \Delta t}{\rho c (\Delta x)^2} T_{(\gamma-1)}^{(\lambda)}$$
$$+ \frac{\Delta t}{\rho c} b\beta F_{\max} \exp\left(-\frac{2r^2}{\omega^2}\right) \frac{s(1-s^a)}{(1-s)} \exp(-b\gamma\Delta x) \exp\left[-\frac{(\Delta t \cdot \lambda - \tau/2)^2}{2\sigma^2}\right] \quad (3.19)$$

纳秒激光修正螺旋锥齿轮材料的仿真参数如表 3.1 所示，在仿真中，激光的脉宽为 8ns，取 x 方向的深度为 15μm，时间步长为 0.008ns，空间步长为 1μm，$T_{(d)}^{(\lambda)} = 0$，$T_{(\gamma)}^{(0)} = 300\,\text{K}$，其中 d 为材料厚度。仿真时需要对差分形式下传热方程的解进行收敛性判断，判断解的收敛性采用傅里叶分析法，也称为冯·诺伊曼(von Neumann)分析

法。网格傅里叶数为 $\Delta t \cdot k_s / [\rho c(\Delta x)^2]$，代入相关参数计算可得：$\Delta t \cdot k_s / [\rho c(\Delta x)^2] =$ 0.00016＜0.5，因此差分方程的解是收敛和稳定的。

表 3.1　纳秒激光修正螺旋锥齿轮材料的仿真参数

参数	数值	参数	数值
齿轮材料密度 $\rho / (kg/m^3)$	7800	吸收率 β	0.5
热扩散率 $k / (cm^2/s)$	0.20	热导率 $k_s / [W/(m \cdot K)]$	78.4
材料比热容 $c / [J/(kg \cdot K)]$	502.4	脉宽 τ / ns	8
熔化温度 T_m/K	1724	蒸发速度 $\mu_r / (\mu m/s)$	0.065
汽化温度 T_v/K	3023	能量累积系数 s	0.7
初始温度 T_0/K	300	玻尔兹曼常数 $k_B / (J/K)$	1.38×10^{-23}
蒸发焓 $L/(kJ/mol)$	300	原子质量 m/kg	9.29×10^{-26}

结合建立的差分方程，对传热方程进行求解，在不同能量密度下纳秒激光修正齿面材料 20CrMnTi 的温度场变化规律如图 3.8 所示。

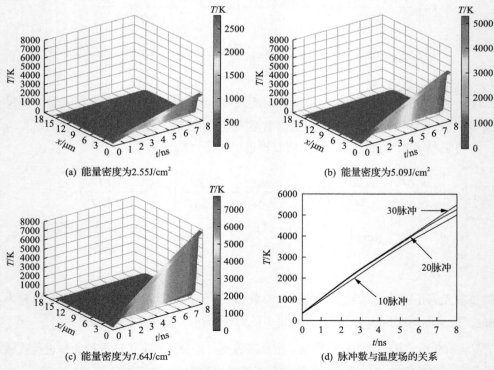

(a) 能量密度为2.55J/cm²　　　　　　　(b) 能量密度为5.09J/cm²

(c) 能量密度为7.64J/cm²　　　　　　　(d) 脉冲数与温度场的关系

图 3.8　在不同能量密度下纳秒激光修正齿面材料 20CrMnTi 的温度场变化规律

由仿真结果可知，20CrMnTi 材料的表面温度随着时间的增加而升高，能量密度越大，材料表面温度上升越快。由图 3.8(a)可知，当激光能量密度为 2.55J/cm^2 时，20CrMnTi 材料表面的最高温度为 2800K，达到材料的熔化温度，但没有达到汽化温度(3023K)，此时烧蚀区的材料开始熔化，熔化的材料会发生部分堆砌现象，材料去除率较低。由图 3.8(b)可知，当激光能量密度为 5.09J/cm^2 时，材料表面的最高温度为 5300K，达到材料的熔化温度与汽化温度，材料去除率比图 3.8(a)的较高，满足激光修正的要求。继续增大激光能量密度达到图 3.8(c)所示的 7.64J/cm^2，材料表面的最高温度达到 7700K，远高于材料的熔化温度与汽化温度，且比图 3.8(a)和(b)达到汽化温度的时间更短，去除率更高。由图 3.8(d)可知，当脉冲数为 10 时，齿轮材料表面的最高温度为 5020K；当脉冲数增大到 20 时，材料表面的最高温度上升至 5200K；当脉冲数达到 30 时，材料表面温度的变化幅度较小，最高温度为 5300K，脉冲数与温度近似呈线性关系，并随着脉冲数的不断增大，齿面的温度场趋于稳定。数值仿真结果表明，纳秒激光修正齿轮材料时，通过设置合理的能量密度与脉冲数，能够快速通过汽化的方式去除材料，材料的去除率随着激光能量密度的增加而显著增大。

3.2.2　飞秒激光修正齿面传热物理模型与数值仿真

1. 飞秒激光修正齿面传热物理模型

飞秒激光烧蚀齿轮材料 20CrMnTi 时，传热物理模型采用双温模型，研究光子与电子、电子与晶格的相互作用，确定单脉冲激光能够高效烧蚀去除材料的激光能量[59]。双温模型可表示为式(3.20)和式(3.21)。式(3.20)等号右边第一项表示电子系统内部之间能量传递的过程，第二项表示电子系统将能量传递给晶格系统的过程，最后一项代表飞秒激光的热源项，式(3.20)表示电子温度随时间的变化规律。式(3.21)表示电子与晶格之间能量传递后晶格温度场的变化规律，在飞秒的时间尺度内，忽略了晶格与晶格之间的能量传递。

$$C_e \frac{\partial T_e}{\partial t} = k_e \frac{\partial}{\partial x}\left(\frac{\partial T_e}{\partial x}\right) - G(T_e - T_l) + S(x,t) \tag{3.20}$$

$$C_l \frac{\partial T_l}{\partial t} = G(T_e - T_l) \tag{3.21}$$

式中，C_e 为电子热容；T_e 为电子温度；t 为时间；k_e 为电子热导率；x 为垂直于材料表面方向的距离；G 为电子与晶格的耦合系数，表示电子与晶格之间能量相互作用的特征参数；T_l 为晶格温度；$S(x, t)$ 为与激光脉冲相对应的热源项；C_l 为晶格热容。

采用高斯光束的能量分布如图 3.9 所示，该光源的飞秒脉冲激光不用考虑激光脉冲能量在宽度上的分布情况，能够简化运算难度[59]。

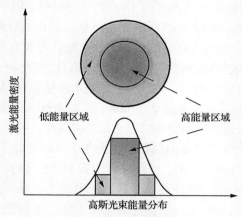

低能量区域　　　　　　　　　高能量区域

高斯光束能量分布

图 3.9　采用高斯光束的能量分布

热源项 $S(x, t)$ 的表达式为

$$S(x,t) = \frac{Ab'F}{\sqrt{\pi / (\tau_L \ln 2)}} \exp\left[-4\ln 2\left(\frac{t - t_0}{\tau_p}\right)^2\right] \exp(-b'x) \tag{3.22}$$

式中，A 为消光系数；F 为激光能量密度；τ_p 为飞秒激光脉宽；t_0 为脉冲初始时刻。

电子热导率 k_e 一般认为是常数，当飞秒激光照射到金属材料表面时，电子温度会超过费米温度。电子热导率可表示为

$$k_e = k\frac{(\theta_e^2 + 0.16)^{1.25}(\theta_e^2 + 0.44)\theta_e}{(\theta_e^2 + 0.092)^{0.5}(\theta_e^2 + \eta\theta_1)} \tag{3.23}$$

式中，k 为材料导热系数；θ_e 为电子温度 T_e 与费米温度 T_f 的比值；θ_1 为晶格温度 T_1 与费米温度 T_f 的比值；η 为电子导热常数。

2. 飞秒激光修正齿面的温度场数值仿真

根据式 (3.20) 和式 (3.21) 所示的双温方程，采用有限差分法得到偏微分方程的差分形式为

$$C_e\left(\frac{T_{\gamma,\lambda+1}^e - T_{\gamma,\lambda}^e}{\Delta t}\right) = k_e\frac{T_{\gamma+1,\lambda+1}^e + T_{\gamma-1,\lambda+1}^e - 2T_{\gamma,\lambda+1}^e}{(\Delta x)^2} - G\left(T_{\gamma,\lambda+1}^e - T_{\gamma,\lambda+1}^\gamma\right) + S(\gamma\Delta x, \lambda\Delta t)$$

$$\tag{3.24}$$

$$C_\gamma\left(\frac{T^\gamma_{\gamma,\lambda+1} - T^\gamma_{\gamma,\lambda}}{\Delta t}\right) = G\left(T^e_{\gamma,\lambda+1} - T^\gamma_{\gamma,\lambda+1}\right) \tag{3.25}$$

将偏微分方程进一步简化处理，可得

$$
\begin{aligned}
&T^e_{\gamma+1,\lambda+1} + \left[\frac{G^2 C_e(\Delta t)^2(\Delta x)^2}{k_e C_e C_1 \Delta t + G C_e(\Delta t)^2} - \left(\frac{C_e(\Delta x)^2}{k_e \Delta t} + 2 + \frac{G(\Delta x)^2 \Delta t}{k_e}\right)\right] T^e_{\gamma,\lambda+1} \\
&+ T^e_{\gamma-1,\lambda+1} = -\frac{C_e(\Delta x)^2}{k_e \Delta t}\left[T^e_{\gamma,\lambda} + \frac{G C_1 \Delta t}{C_e C_1 + g C_e \Delta t} T^l_{\gamma,\lambda} + \frac{\Delta t \cdot S(\gamma \Delta x, \lambda \Delta t)}{C_e}\right]
\end{aligned}
\tag{3.26}
$$

式中，光源 S 的差分形式可表示为

$$S(\gamma \Delta x, \lambda \Delta t) = \frac{A b' F}{\sqrt{\pi/(\tau_p \ln 2)}}\exp\left[-4\ln 2\left(\frac{\lambda \Delta t - t_0}{\tau_p}\right)^2\right]\exp(-\alpha \gamma \Delta z) \tag{3.27}$$

飞秒激光修正齿轮材料温度场仿真的约束条件分为初始条件和边界条件。初始条件为：未发生烧蚀前，电子温度与晶格温度均为 300K。边界条件为：在烧蚀前后齿轮底层材料的电子温度与晶格温度均为 300K。

采用有限差分法对双温方程进行数值求解，取沿光束方向的深度步长为 1nm，时间步长为 1fs，电子热容为 706.4J/(K²·m³)，采用冯·诺伊曼分析法对差分方程的解进行收敛性判断，其网格傅里叶数为 $k_s \Delta t/[C_e(\Delta x)^2]$。代入相关参数计算可得：$k_s \Delta t/[C_e(\Delta x)^2] = 0.00011 < 0.5$，因此差分方程的数值解是收敛的、稳定的。结合表 3.2 所示的飞秒激光仿真参数，对双温方程进行求解，取不同的能量密度，可得飞秒激光烧蚀 20CrMnTi 表面温度场的变化规律。

表 3.2　飞秒激光仿真参数

参数	数值	参数	数值
电子热容 C_e/[J/(m³·K)]	706.4	激光传播速度 c/(m/s)	3.8×10^8
晶格热容 C_l/[J/(m³·K)]	3.5×10^6	电子-晶格耦合系数 G/[W/(m³·K)]	1.3×10^{18}
电阻温度系数 α	6.51×10^{-3}	脉宽 τ_p/s	300×10^{15}
熔化温度 T_m/K	1724	激光波长 λ_0/m	1.03×10^{-6}
汽化温度 T_v/K	3023	费米温度 T_f/K	1.28×10^5
初始温度 T_0/K	300	材料导热常数 k	0.12
材料电导率 σ_0/(Ω^{-1}/m)	1×10^7	真空介电常数 ε_0/(F/m)	8.85×10^{-12}

图 3.10 模拟了不同能量密度下电子系统内的温度变化情况。齿轮材料吸收

激光能量后，电子系统的温度在几百飞秒内快速升高，并发生能量的传递。如图 3.10(a)所示，当能量密度为 19mJ/cm² 时，电子系统吸收激光能量，电子系统温度近似"线性"快速增大，峰值温度约为 3550K，在 0.48ps 之后的时间尺度，电子系统的温度近似"抛物线"下降，电子系统发生了能量的传递，最后电子系统经过 2～4ps 后，温度场趋于稳定状态。当增大能量密度后，电子系统温度均呈现相似的规律，如图 3.10(b)所示，当能量密度为 31mJ/cm² 时，达到的峰值温度为 4500K，电子系统经过 5ps 后，温度场趋于稳定状态。如图 3.10(c)所示，当能量密度为 67mJ/cm² 时，达到的峰值温度约为 6200K，电子系统经过 5.1ps 后，温度场趋于稳定状态。如图 3.10(d)所示，当能量密度为 105mJ/cm² 时，峰值温度为 7500K，电子系统经过 5.2ps 后，温度场趋于稳定状态。由图 3.10 可知，改变激光能量密度后，在同一脉宽下，电子达到峰值温度的时间大致相同，达到峰值温度后，电子系统的能量减少，主要原因是电子系统与材料晶格系统发生了能量的传递。

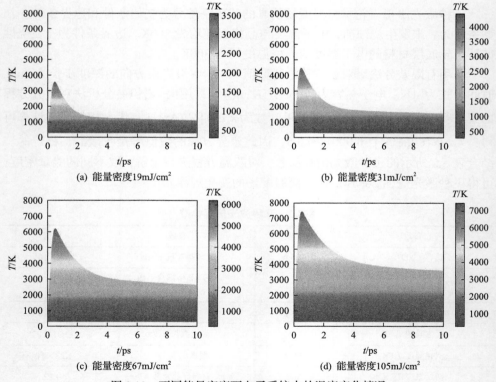

图 3.10　不同能量密度下电子系统内的温度变化情况

当能量密度为 19mJ/cm²、31mJ/cm²、67mJ/cm²、105mJ/cm² 时，对齿轮材料的电子系统与晶格系统的能量传递进行仿真模拟，如图 3.11 所示，图中的虚线代表电子系统的温度场变化(电子温度)，实线代表晶格系统的温度场变化(晶格温度)。当电子系统的温度达到峰值温度时，材料内部会通过热扩散的作用将激光能量进行传递，辐照的激光能量不被晶格系统直接吸收，晶格系统温度较低，电子系统将激光能量传递给晶格系统后，电子温度不断下降，晶格温度不断升高，经过几皮秒之后，两个系统趋于热平衡状态，整个能量耦合的非平衡过程在 10ps 左右完成。

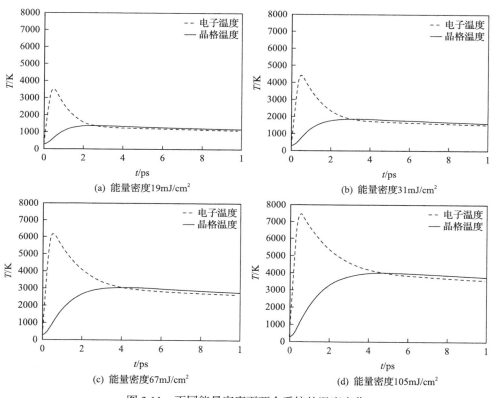

图 3.11　不同能量密度下两个系统的温度变化

如图 3.11(a)所示，能量密度为 19mJ/cm² 时，两个系统的温度在 2.3ps 后趋于热平衡状态，两个系统的平衡温度约为 1400K，未达到晶格的熔化温度，材料未发生烧蚀。如图 3.11(b)所示，能量密度为 31mJ/cm² 时，两个系统的温度在 3.2ps 后趋于热平衡状态，此时两个系统的平衡温度约为 1850K，达到晶格的熔化温度，此时齿轮材料开始熔化，部分材料由固态转化为液态，并出现蒸发现象。如图 3.11(c)所示，能量密度为 67mJ/cm² 时，两个系统的平衡温度在 3.9ps 后趋于热平衡状态，此时的平衡温度约为 3100K，达到了晶格的汽化温度，晶格材料在高温高压下快速汽化或形成等离子喷发，部分固态或液态材料吸收能量后快速转化为气态，此时材料的去除率高。如图 3.11（d）所示，能量密度为 105mJ/cm^2 时，两个系统的温度在 4.6ps 后趋于热平衡状态，此时的两个系统的平衡温度约为 4050K，远大于齿轮材料的熔化温度与汽化温度，材料的去除率比能量密度为 67mJ/cm^2 时的去除率更高。随着能量密度的增加，电子温度与晶格温度达到平衡所需的弛豫时间增加，晶格温度达到最大值后会缓慢下降。电子中热能的传播速度比晶格中热能的传播速度快得多，因此平衡状态下电子系统温度略低于晶格系统温度。

　　图 3.12 模拟了不同能量密度下晶格系统温度场的三维分布，由图可以看出，当飞秒激光烧蚀齿轮材料表面时，晶格温度的数值与时间、传递的深度有关。随着能量密度的增大，晶格系统升温的速度显著提高，晶格温度沿着深度方向逐渐降低，在沿着激光束的方向，在深度 40nm 以上的晶格区域出现烧蚀作用，在 40nm 以下的晶格区域基本不受温度场耦合的影响，由此可见，飞秒脉冲激光的作用区域较小，仅对齿轮材料表面有物理作用，对齿轮材料内部没有明显的热影响。当用飞秒脉冲激光修正齿轮材料表面时，在极短的时间内，飞秒激光以极高的峰值能量密度通过电子-声子-晶格之间的相互作用，使得材料从固态瞬间转变为高温高压等离子形态，完成齿轮材料表面余量的飞秒激光精微烧蚀。

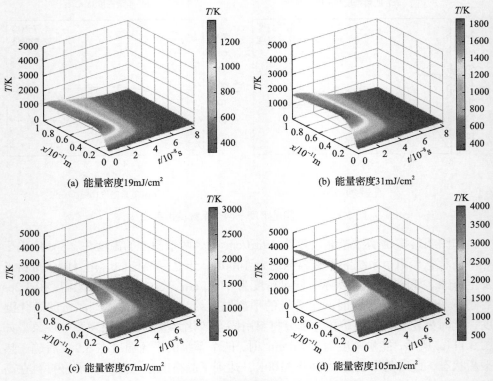

图 3.12　不同能量密度下晶格系统温度场的三维分布

3.3　脉冲激光精微修正螺旋锥齿轮工艺与实验

3.3.1　螺旋锥齿轮的精微修正工艺与实验条件

1. 螺旋锥齿轮精微修正厚度的确定

1）螺旋锥齿轮差曲面的建立

差曲面是指实际误差齿面与理论齿面在对应点的偏差，是一种拓扑形式的曲面，可用于描述各种齿轮修正过程中的误差情况，以评价齿面修正的精度。

螺旋锥齿轮的齿面方程较为复杂，若直接对齿面进行仿真计算，则数学计算、仿真编程工作的难度较大，因此需要对齿轮齿面进行离散化处理，以减少计算难度。在齿面离散化处理时，以螺旋锥齿轮的安装面为坐标平面，以齿轮的回转轴线作为坐标轴，建立齿轮坐标系[60]；以齿轮的轴剖面为基准，对齿高方向与齿长方向进行网格划分，沿着齿长方向划分为 J 格，沿着齿高方向划分为 K 格。螺旋锥齿轮齿面差曲面网格划分如图 3.13 所示，螺旋锥齿轮齿面网格中编号为 (i,j) 的点 P 的坐标为

$$\begin{cases} r = \left(R_{fe} - i\dfrac{b}{J} \right)\sin\delta_f + \left[j\dfrac{h_e}{K} - i\dfrac{b}{J}\tan\left(j\dfrac{\delta_a - \delta_f}{K} \right) \right]\cos\delta_f \\ z = i\dfrac{b}{J}\cos\delta_f + \left[j\dfrac{h_e}{K} - i\dfrac{b}{J}\tan\left(j\dfrac{\delta_a - \delta_f}{K} \right) \right]\sin\delta_f \end{cases} \tag{3.28}$$

式中，δ_f 为螺旋锥齿轮的根锥角；δ_a 为齿轮的面锥角；R_{fe} 为齿轮大根锥距；b 为齿长；h_e 为大端齿根高。

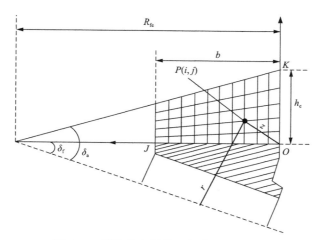

图 3.13　螺旋锥齿轮齿面差曲面网格划分

将极坐标转换到直角坐标系中，对应点 P 的坐标为

$$\begin{cases} x' = r\cos\theta \\ y' = r\sin\theta \\ z' = z \end{cases} \tag{3.29}$$

2) 螺旋锥齿轮齿面修正厚度的确定

在螺旋锥齿轮的实际加工中，齿轮的加工精度受机床误差、齿面误差、操作员的调整误差等影响，这使得实际加工后产生齿面误差，因此应当对齿面进行误差修正。采用脉冲激光修正加工时，除了留有加工余量，还需要考虑螺旋锥齿轮实际存在的误差。

理论点的坐标与差曲面的点坐标可以分别拟合螺旋锥齿轮的理论齿面与误差齿面，螺旋锥齿轮的任一点的法线与误差齿面上一点的相对位置如图 3.14 所示，理论齿面上的某一点为 M，与 M 点对应位置的误差齿面上的点为 P，沿着 M 点法线方向与误差齿面的交点为 N。由于 P 点与 N 点的距离极为接近，理论齿面与误差齿面在 M 点的法向偏差可近似表示为

$$\overrightarrow{MN} \approx \overrightarrow{PM} \tag{3.30}$$

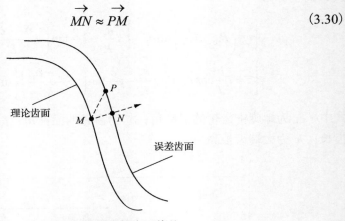

图 3.14　螺旋锥齿轮齿面偏差

根据计算理论齿面与误差齿面各对应点的坐标，可以得到各点需要修正的法向偏差。对各点法向偏差平均值进行求解，以确定螺旋锥齿轮齿面修正厚度的数值，再通过脉冲激光去除误差与余量的厚度层。

设理论齿面上一点 M 的坐标为 (x_1, y_1, z_1)，对应留有加工余量的误差齿面上实际测量点 P 的坐标为 (x_1', y_1', z_1')，可得到螺旋锥齿轮齿面的修正厚度 ΔH 为

$$\Delta H = \sqrt{(x_1' - x_1)^2 + (y_1' - y_1)^2 + (z_1' - z_1)^2} \tag{3.31}$$

　　在留有足够的加工余量后，通过计算机仿真与工艺参数调整，采用脉冲激光逐层烧蚀修正厚度，使得实际齿面不断地贴合理论模型，减小齿面误差，从而提高螺旋锥齿轮的齿面精度[51]。

　　2. 螺旋锥齿轮精微修正工艺

　　1) 螺旋锥齿轮激光加工轨迹规划

　　脉冲激光加工需要对齿面进行轨迹扫描，螺旋锥齿轮单齿的倾斜度较大，一道扫描工序难以扫描整个齿面，因此先将螺旋锥齿轮的齿面进行分片处理，每个单齿划分为多个曲面片(至少四个片区)，每个齿面的边界均分布在齿顶线、齿根线、外锥距线和内锥距线构成的四边形内，以四条边为边界条件。每个片区内划分多条扫描道，采用逐层扫描、逐片加工来修正螺旋锥齿轮的齿面。图 3.15 为螺旋锥齿轮扫描加工示意图。

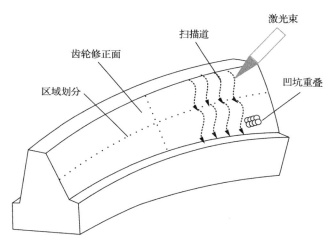

图 3.15　螺旋锥齿轮扫描加工示意图

　　如图 3.16 所示，对划分的每个齿面区域进行网格离散化处理，将螺旋锥齿轮的单侧齿面分片为 A_1、A_2、A_3、A_4，取每个片区 m 行 n 列的齿面点。在轴剖面内建立二维坐标系，原点为齿顶节点，得到齿面上点的二维坐标 $(y_{i,j}, z_{i,j})$ 为

$$\begin{cases} y_{i,j} = \dfrac{j-1}{m-1}(r_2 - r_1) \\ z_{i,j} = \dfrac{i-1}{n-1}a, \quad a = 0.95H \end{cases} \tag{3.32}$$

式中，$i=1,2,\cdots,m$；$j=1,2,\cdots,n$；r_1 为齿轮内圈半径；r_2 为齿轮外圈半径；H 为齿轮齿全高。

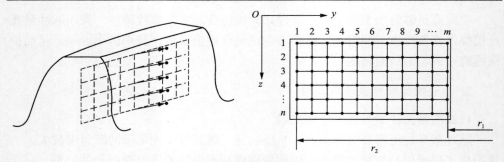

图 3.16　齿面网格节点划分示意图

　　在每一个曲面片区内，脉冲激光束沿着网格节点的投影坐标方向运动，以每一列为一层，形成 m 层的扫描轨迹，逐层进行脉冲激光修正，通过振镜与三维移动平台的共同作用，保证激光修正过程中的激光束光轴与曲面片中心的法向方向重合。

　　在每层的扫描加工中，激光束沿着速度方向运动，扫描完成后转到另一层加工，存在着步进方向，为保证相邻层及两个方向加工状况相同，需要保证沿着运动方向及步进方向的光斑重叠率相同。激光光斑重叠示意图如图 3.17 所示。设本次加工的步距距离 Δl 等于两个光斑中心的距离 v/f，则光斑重叠率 s 的计算公式如式 (3.33) 所示：

$$s = \frac{d - \Delta l}{d} = \frac{d - v/f}{d} = 1 - \frac{v}{fd} \tag{3.33}$$

当光斑直径 d 确定时，光斑的重叠率主要与扫描速度 v 和重复频率 f 有关，因此在脉冲激光修正齿轮表面时，应当全程控制振镜的扫描速度与激光的重复频率不变，这样才能够保证各相邻扫描道保持相同的光斑重叠率，从而保证齿轮材料去除的均匀性。

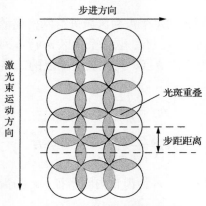

图 3.17　激光光斑重叠示意图

2）螺旋锥齿轮的修正工艺

可利用脉冲激光对留有一定机械加工余量的螺旋锥齿轮进行精微烧蚀加工，一般步骤如下：

（1）机械数控高速铣削完成后，将齿面进行离散化处理，划分网格，测量螺旋锥齿轮齿面的实际点坐标，将实际点坐标与理论点坐标进行比较，计算实际点与理论点的法向偏差，确定齿轮修正厚度。

（2）对螺旋锥齿轮单个齿面进行分片-分层处理，在每个曲面片区内划分激光运动轨迹的网格，将网格节点投影到轴侧，并规划好激光加工的扫描轨迹。

（3）确定好修正厚度后，设置脉冲激光加工系统与工艺参数。

（4）按照图 3.15 所示的扫描路径，通过计算机编制修正数控程序，利用夹具将螺旋锥齿轮固定在三维移动平台上，并调试三维振镜，保证激光束聚焦于理论齿面节点上。

（5）激光修正加工。根据需要的修正厚度，通过 x、y、z 三方向联动完成各层的三维激光扫描加工，在同片区、同轨迹层进行多次扫描加工。

（6）激光修正加工过程中，采用 CCD 系统实时观测、光谱仪在线测量，观测焦点对准和加工过程状况。

（7）修正一个齿的侧面后，调整激光加工系统，转位分度到相邻下一个齿的同一侧面，直至所有齿的同一侧面修正完成；再定位到齿轮的另一侧面，直至修正完成齿轮的所有另一侧面。

3. 螺旋锥齿轮精微修正实验条件

1）实验齿轮材料

常用的螺旋锥齿轮材料主要有 20CrMnTi、20CrMnMo、20CrMoTi 等，其中 20CrMnTi 是一种良好的渗碳钢，具有冲击韧性高、强度高、抗疲劳性能好等优点，多用于制造齿轮、齿圈、轴类等中载或重载的机械零部件。实验选取弧齿锥齿轮大轮，齿轮材料 20CrMnTi 的化学成分如表 1.1 所示，齿轮设计参数如表 1.2 所示，实验试件如图 1.1 所示。

实验前采用电火花数控 DK7725E 型线切割机床将试件切割成齿轮薄片，然后用砂纸对单齿切片进行打磨、抛光处理，清洗后得到实验齿坯试件如图 3.18 所示。

图 3.18　螺旋锥齿轮实验齿坯试件

2）检测仪器与条件

（1）光学显微镜。

实验采用 DMM-300C 型号的光学显微镜，实物图如图 3.19 所示。它属于电脑型透反射三目正置式金相显微镜,同轴粗微动调焦机构,调焦范围为 0～15mm,微动格值为 2μm,通过光学调焦,利用光学显微镜能够观测到激光烧蚀后齿面形貌和烧蚀区域, 观测到的图像可直接保存在计算机中。

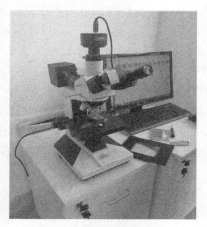

图 3.19　光学显微镜实物图

(2)扫描电子显微镜。

采用的扫描电子显微镜(scanning electron microscope, SEM)型号为 FEI Quanta 200,放大倍数是 6～1000000,加速电压为 200V～300kV,实物图如图 3.20 所示, 它可观察试样表面形貌、切口形貌、热影响区域等。

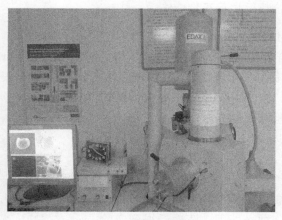

图 3.20　扫描电子显微镜实物图

(3)粗糙度测量仪。

粗糙度测量仪选用德国业纳集团生产的 JENOPTIK T8000 SC 型粗糙度测量仪,测量的精度可达 0.001μm,测量的量程可达 120mm。

3.3.2 纳秒激光修正齿面实验与分析

1. 纳秒激光加工系统与实验参数

调 Q 脉冲 Nd 型激光器：采用 YAG 激光器进行修正实验，YAG 激光器通过脉冲氙灯放电电源供电，实验系统主要由激光器、分束器、聚焦透镜、三维移动平台、能量卡计、氙灯放电电源、CCD 及显示器等组成[51]，纳秒激光加工系统的结构组成示意图如图 3.21 所示，纳秒脉冲激光烧蚀齿轮材料 20CrMnTi 的实验参数如表 3.3 所示。

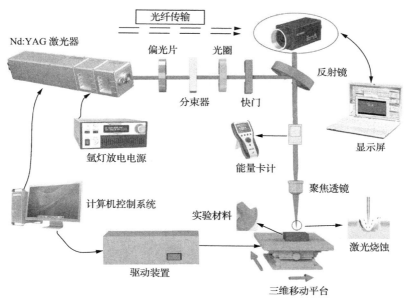

图 3.21　纳秒激光加工系统的结构组成示意图

表 3.3　纳秒脉冲激光烧蚀齿轮材料 20CrMnTi 的实验参数

参数	激光能量 /mJ	波长 /nm	频率 /Hz	脉宽 /ns	光斑直径 /mm	发散角 /mrad	能量稳定性 /%
数值	200	532	1~10	8	1	≤1	≤2

2. 实验过程

1) 平台搭建

根据所设计的纳秒激光加工系统搭建实验平台，首先将加工系统的基本组成部分按照图 3.22 布置搭建，然后通过光缆将激光器与分束器、反射镜、透镜等连接，确保光路畅通；将三维移动平台接入计算机控制系统，便于实验材料的精准移动；最后接通电源，启动纳秒激光器，通过 CCD 系统调整好分束器、反射镜的位置，检查整个光束的轨迹路径，打开激光器后检查能量卡计的工作情况[51]。

图 3.22　纳秒激光加工系统实物图

2) 系统调试

将实验材料放置于三维移动平台上，利用水平仪使得三维移动平台水平放置，同时将激光移动到材料打点测试区域进行测试，采用 CCD 系统观测激光与材料的对焦情况，移动三维移动平台保证激光的焦点落在材料表面附件，测量光斑直径的大小，并根据光斑直径的大小与所需要设置的能量密度，计算出纳秒激光输入的能量。

3) 实验

设置好激光能量后，调整不同的脉冲数，在齿轮材料表面分别进行烧蚀实验，设置三维移动平台步进为 1mm，沿水平方向完成一组烧蚀实验；继续控制每组的脉冲数不变，设置三维移动平台步进为 1mm，调整不同能量密度进行烧蚀实验。

4) 检测

将纳秒激光烧蚀过的齿轮材料放置于光学显微镜、超景深检测系统、拉曼系统等设备下进行观测，主要观测烧蚀区域、烧蚀形貌、烧蚀凹坑深度及拉曼成分等，通过 Origin、Visio 等数图软件进行处理优化。

3. 纳秒激光烧蚀齿轮表面的实验结果分析

1) 烧蚀热属性分析

随着能量密度、脉冲数的增加，齿面的烧蚀尺寸与形貌特性愈加明显，烧蚀凹坑的演变特征如图 3.23 所示，注入激光能量进行烧蚀后，烧蚀区域开始形成，并且烧蚀面积逐渐增大。当能量密度为 7.64J/cm^2 时，烧蚀区域呈现出愈加明显的形貌特征；在恒定能量的注入下，脉冲数的累加使烧蚀半径增大。能量密度与脉冲数是材料表面微结构破坏的关键要素[56]。

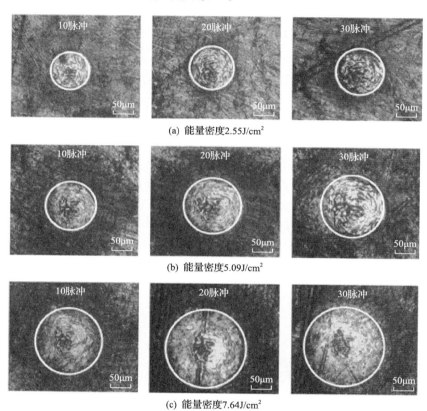

(a) 能量密度 2.55J/cm^2

(b) 能量密度 5.09J/cm^2

(c) 能量密度 7.64J/cm^2

图 3.23　不同能量密度、脉冲数下烧蚀凹坑的演变特征

为了研究脉冲数、能量密度对烧蚀区域的影响，在不同激光参数下烧蚀了一系列凹坑。由图 3.24(a) 可知，随着脉冲数的累加，烧蚀半径逐渐增大。在能量密度恒定的情况下，烧蚀半径随脉冲数增加的梯度较为平缓；高能量密度下材料表面熔化后较为平坦。脉冲数恒定时，随着能量密度从 2.55J/cm^2 增加到 10.19J/cm^2，烧蚀半径随能量密度增大的梯度更为明显，如图 3.24(b) 所示。能量密度对烧蚀半径的影响与脉冲数相比更为显著，能量密度大于 7.64J/cm^2 后，烧蚀速率明显增大，而脉冲数对烧蚀半径的影响较小。

2) 表面烧蚀形貌分析

本实验采用的激光束光强在空间上呈高斯分布，在热反应过程中，等离子耦合效应增强，烧蚀中心有更强的沉积能量来去除材料。在能量密度相同的情况下，

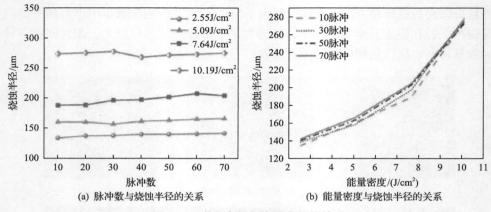

(a) 脉冲数与烧蚀半径的关系　　　　　(b) 能量密度与烧蚀半径的关系

图 3.24　激光参数与烧蚀半径的关系

当脉冲数较小时，辐射区域所受的热影响较小，并且材料表面比较平整，如图 3.25(a)所示；当脉冲数较大时，辐射区域有明显的飞溅物产生，如图 3.25(b)所示。产生的飞溅物是基于激光冲击效应形成的，在合金材料的传热过程中，过高的温度导致熔融层进入亚稳相状态，材料的密度和比热容也会发生变化。烧蚀过程中，在低密度区形成蒸气，蒸气泡向上运动导致材料发生快速爆炸，从而将蒸气与金属液滴的混合物从中心排出[56]。

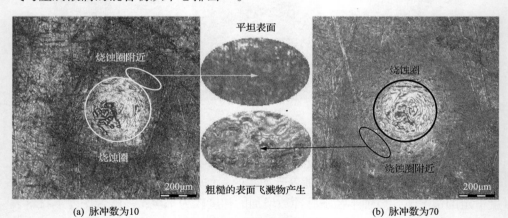

(a) 脉冲数为10　　　　　　　　　　　(b) 脉冲数为70

图 3.25　不同脉冲数下烧蚀坑的微观形貌

　　如图 3.26(a)所示，在凹坑底部形成了许多条状斑纹，这些条状斑纹垂直于激光束的偏振方向，它们被认为是由入射激光束和表面等离子体的近场对空气与金属界面激发产生干涉形成的。在烧蚀圈边缘，大量的熔融物在高压作用下由入口排出，沿着烧蚀凹坑的边缘形成黑色冠状物，烧蚀区域周围受辐射的影响形成辐射区域，如图 3.26(b)所示的黑色区域。由于相互作用的时间短，材料不能被连续蒸发，部分蒸气转变为液滴，液滴和蒸气迅速被膨胀的高压气体排出到坑口，使得材料辐射区域的表面凹凸不平，与烧蚀坑底相比，烧蚀质量较差，热效应明显，如图 3.26(c)所示。

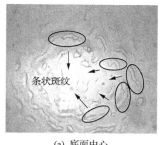

(a) 底面中心

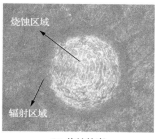
(b) 烧蚀轮廓

(c) 辐射区域放大图

图 3.26　烧蚀凹坑的微观形貌

烧蚀凹坑深度是衡量材料表面质量的重要指标之一，烧蚀率是分析烧蚀凹坑深度演变规律的重要指标。烧蚀率与脉冲数之间的关系为 $V=h/N$，其中 V 为烧蚀率，h 为烧蚀凹坑深度，N 为脉冲数。

图 3.27 为脉冲数与烧蚀凹坑深度、烧蚀率的关系。在能量密度恒定的情况下，随着脉冲数的增加，烧蚀凹坑深度逐渐增大，脉冲数达到 60 后深度递增的速率最大，而烧蚀率随着脉冲数的增加而降低，并在开始烧蚀(10～20 脉冲)时的下降幅度最大。纳秒激光通过蒸发机制对齿轮材料进行热熔性烧蚀，在烧蚀过程中，坑底的相对流动空间小，流动阻力大，蒸气与金属液滴堆砌在侧壁、坑底、坑口等，进一步沉积到材料中，从而导致材料的烧蚀率逐渐降低。

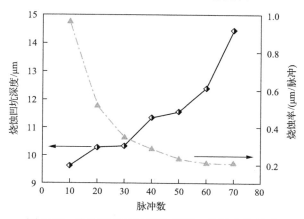

图 3.27　脉冲数与烧蚀凹坑深度、烧蚀率的关系

3)齿面粗糙度分析

齿面粗糙度能够客观地反映被测表面的微观几何特性。在不同的能量密度

下，测量烧蚀齿面粗糙度（R_a 和 R_z）的结果如表 3.4 所示。无激光作用时，测量得到烧蚀凹坑的齿面粗糙度 R_a 为 0.250μm，R_a 越小表示峰谷的幅度越小、表面越平滑。R_z 表示轮廓峰高的平均值。当能量密度为 10.19J/cm² 时，轮廓峰高的差值较大，此时齿轮的表面较为粗糙。随着能量密度增大、脉冲数增多，齿面粗糙度略微增大。纳秒脉冲激光修正是一种高精度去除材料的过程，对材料齿面粗糙度的影响小，当能量密度不超过 7.64J/cm² 时，能够保证材料具有较小的齿面粗糙度 R_a。

表 3.4　不同能量密度下测量烧蚀齿面粗糙度的结果

能量密度/(J/cm²)	R_a/μm			R_z/μm		
	10 脉冲	20 脉冲	30 脉冲	10 脉冲	20 脉冲	30 脉冲
2.55	0.277	0.299	0.279	2.118	2.309	1.945
5.09	0.302	0.303	0.307	2.383	2.268	2.308
7.64	0.320	0.329	0.330	2.375	2.731	2.600
10.19	0.353	0.436	0.488	2.666	4.459	4.359

4）烧蚀齿轮材料 20CrMnTi 的拉曼成分检测

采用 RamLab-010 激光共焦拉曼分析系统对烧蚀凹坑成分进行检测。烧蚀齿轮材料 20CrMnTi 的拉曼光谱如图 3.28 所示。峰值位于 286cm⁻¹ 的谱线为 Mn 元素，峰值位于 797cm⁻¹ 的谱线为 Cr 元素，峰值位于 897cm⁻¹ 的谱线为 Si 元素，峰值位于 1444cm⁻¹ 的谱线为 C 元素，峰值位于 2329cm⁻¹ 的谱线为 Ti 元素，这五种元素为 20CrMnTi 材料的主要成分。纳秒脉冲激光烧蚀材料时会产生很高的热量，能够熔化材料，甚至产生等离子体，但是在这种环境下，材料中的主要元素并未发生变化，使得其基本的物理性能得到了有效的保护[61]。

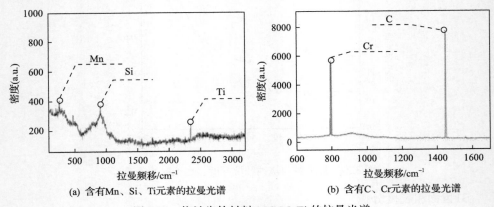

(a) 含有 Mn、Si、Ti 元素的拉曼光谱　　　　(b) 含有 C、Cr 元素的拉曼光谱

图 3.28　烧蚀齿轮材料 20CrMnTi 的拉曼光谱

3.3.3 飞秒激光修正齿面实验与分析

1. 飞秒激光微加工系统

实验采用的飞秒激光微加工系统结构组成如图 3.29 所示,主要由飞秒激光器、导光组件、三维振镜系统、三维移动平台、CCD 系统及计算机控制系统等部分组成[62]。该激光器的波长为 1030nm,脉宽为 800ns,最大脉冲激光能量为 50μJ。

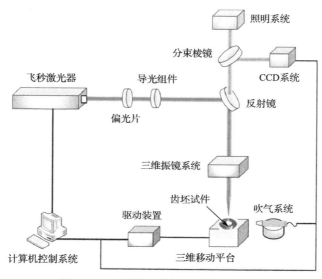

图 3.29 飞秒激光微加工系统结构组成

飞秒激光修正系统由计算机控制系统进行控制,计算机控制系统还控制照明系统、CCD 系统与辅助装置(如吹气系统)等。飞秒激光器发射光束后,激光能量通过导光组件进行传递,反射镜改变光束传输方向,通过三维振镜系统来调整激光的入射角度,飞秒激光修正齿面时,控制照明系统使得 CCD 系统能够实时反馈激光焦点位置的情况,移动三维移动平台调整齿轮材料的位置,将材料移动至激光焦点位置。

2. 实验过程

飞秒激光烧蚀实验过程如下:

(1)实验试件与调试。利用夹具将螺旋锥齿轮试件安装在三维移动平台上,并使用水平仪保证移动平台水平放置,同时将激光移动到材料的打点区进行打点测试,通过 CCD 系统检测激光与烧蚀材料表面的对焦情况,控制三维振镜系统和三维移动平台,使得激光的光束方向垂直于材料表面,测量出光斑直径的大小,并根据光斑直径的大小与所设置的能量密度，计算出飞秒激光的输入能量。

（2）实验。设置好飞秒激光器参数后，参考飞秒激光仿真时的能量密度，调节不同的激光能量大小，将三维移动平台的水平步进距离设为 1mm，控制激光输出的能量为单脉冲，完成飞秒激光的齿面烧蚀实验。

（3）检测。完成飞秒激光烧蚀实验后，将烧蚀的齿坯试件放置于光学显微镜、超景深检测系统、粗糙度测量仪等设备下，以检测烧蚀区域、烧蚀表面形貌、烧蚀凹坑深度、齿面粗糙度等，并通过 Origin、Visio 等数图软件进行处理优化。

3. 飞秒激光烧蚀齿轮表面的实验结果分析

1）烧蚀区域分析

飞秒激光微加工齿面后，采用光学显微镜（DMM-300C 型）观测在 19mJ/cm^2、31mJ/cm^2、67mJ/cm^2 和 105mJ/cm^2 等不同能量密度下齿面的烧蚀圈形貌特征，如图 3.30 所示。实验发现，随着能量密度的增大，齿轮表面烧蚀圈形貌特征愈加明显。当能量密度为 19mJ/cm^2 时，材料表面没有明显的烧蚀现象；当能量密度增大至 31mJ/cm^2 时，烧蚀区域开始形成并且烧蚀区域面积逐渐增大，烧蚀圈直径约为 11μm；当能量密度达到 105mJ/cm^2 时，烧蚀区域呈现出愈加明显的形貌特征，形成的烧蚀圈直径约为 23μm，烧蚀区域面积随着能量密度的增大而增大[59]。

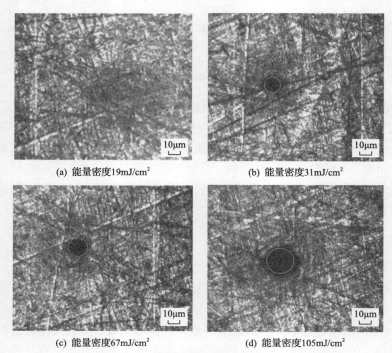

(a) 能量密度19mJ/cm^2　　　　　　　　　(b) 能量密度31mJ/cm^2

(c) 能量密度67mJ/cm^2　　　　　　　　　(d) 能量密度105mJ/cm^2

图 3.30　烧蚀圈在不同能量密度下的演变特征

2)齿面烧蚀形貌分析 1

依次选择达到齿轮材料熔化温度、汽化温度、高于汽化温度的能量密度，采用扫描电子显微镜(FEI Quanta 200)观测不同能量密度下烧蚀坑口的微观形貌。当能量密度为 31mJ/cm² 时，如图 3.31(a)所示，在烧蚀坑口有大块的颗粒形成，较多的熔融物堆积在坑口，并且烧蚀坑的内壁不平整，烧蚀坑附近影响的区域较大，整个烧蚀坑附近的烧蚀形貌较为粗糙；当能量密度达到 67mJ/cm² 时，如图 3.31(b)所示，烧蚀坑口形成的颗粒较少，没有明显的堆积物形成，烧蚀凹坑内壁的形状较为平整，烧蚀凹坑附近影响的区域小；当能量密度为 105mJ/cm² 时，如图 3.31(c)所示，烧蚀坑口没有明显的堆积物产生，烧蚀凹坑附近区域影响的范围更小，并且烧蚀凹坑的内壁更为平整，整个烧蚀坑口附近的烧蚀形貌较为平滑。由上述分析可知，激光输入的能量密度应不小于 67mJ/cm²，可使齿轮材料达到汽化温度，可保证在飞秒激光修正齿轮过程中，齿面烧蚀区域保持良好的形貌特征。

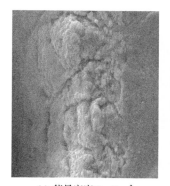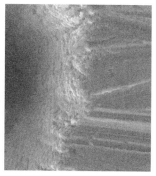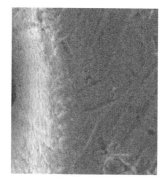

(a) 能量密度31mJ/cm²　　　(b) 能量密度67mJ/cm²　　　(c) 能量密度105mJ/cm²

图 3.31　不同能量密度下烧蚀坑口的微观形貌

能量密度为 67mJ/m² 时的烧蚀凹坑全貌、烧蚀坑壁和坑底形貌分别如图 3.32(a)和(b)所示。由图 3.32(a)可知，飞秒激光烧蚀作用区域较小，周围有一些机械划痕，烧蚀凹坑相对平整；由图 3.32(b)可知，烧蚀坑壁上没有明显的飞溅物、熔融物等，整个烧蚀凹坑从坑顶到坑底的内圈直径逐渐减小，这是由脉冲能量高斯分布造成的，沿坑壁向下能量逐渐减小。

3)齿面烧蚀形貌分析 2

为研究不同能量密度对烧蚀凹坑深度的影响,使用三维超景深系统(VHX-600型)检测不同能量密度下的烧蚀凹坑深度，如图 3.33 所示，烧蚀凹坑深度随着能量密度的增大而增大，与图 3.12 的仿真结果基本一致。齿轮材料的表面温度达到熔化温度时的烧蚀凹坑深度为 8.72nm，达到临界温度时的烧蚀凹坑深度为 30.15nm，继续增大能量密度会使烧蚀凹坑深度有所增加。

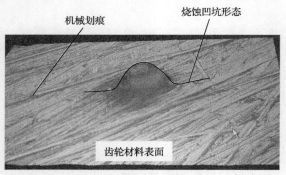

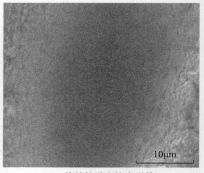

(a) 烧蚀凹坑全貌   (b) 烧蚀坑壁和坑底形貌

图 3.32   烧蚀凹坑微观形貌

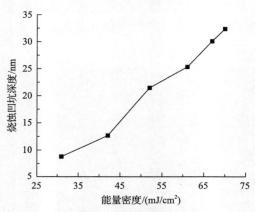

图 3.33   不同能量密度下烧蚀凹坑深度的变化

4) 烧蚀凹坑附近齿面粗糙度实验分析

烧蚀凹坑附近齿面粗糙度 R_a 可以客观反映被测烧蚀材料表面的微观几何特性。R_a 越小，表示峰谷的幅度越小、表面越平滑。粗糙度测量仪导线长度为 0.1mm，测量图 3.32(a) 中烧蚀凹坑周边区域的粗糙度，结果如图 3.34 所示。图 3.34(a) 给出了没有激光能量作用下测量的齿面粗糙度，其平均值为 0.25μm，此时没有烧蚀材料。图 3.34(b) 给出了能量密度为 31mJ/cm² 作用下测量的齿面粗糙度，其平均值为 0.357μm，此时齿轮材料表面温度达到了熔化温度，由图中波形可知，齿轮材料坑口的粗糙度波动较大，主要原因是熔融物堆积在烧蚀凹坑周围。图 3.34(c) 给出了能量密度为 67mJ/cm² 作用下测量的齿面粗糙度，其平均值为 0.271μm，此时齿面温度达到汽化温度，由于在烧蚀凹坑附近的堆积物较少，能够保持良好的齿面粗糙度。图 3.34(d) 给出了能量密度为 105mJ/cm² 作用下测量的齿面粗糙度，其平均值为 0.26μm，此时齿面温度远高于汽化温度，烧蚀凹坑附近基本无残留物出现，接近初始状态下的齿面粗糙度。由此可知，飞秒激光精微加工对材料齿面粗糙度的影响小，激光能量密度达到 67mJ/cm² 后，即齿轮材料的齿面温度大于汽化温度时，能够保证齿轮加工表面具有较好的齿面粗糙度。

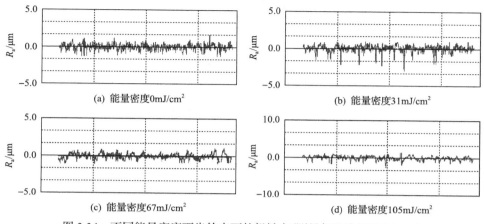

图 3.34　不同能量密度下齿轮表面的粗糙度(测量仪导线长度 0.1mm)

4. 飞秒激光与纳秒激光修正螺旋锥齿轮齿面的比较

飞秒激光与纳秒激光精微修正齿轮具有较好应用前景，去除材料的尺度都是微米级。由仿真和实验结果可知，当脉冲激光能量达到使齿轮材料汽化的能量密度时，材料的去除率、表面光洁度均优于达到齿轮熔化时的情况，并且在达到汽化温度时，飞秒激光只需要输入很小的激光能量就能够达到与纳秒激光相同的烧蚀效果。

在烧蚀凹坑深度与烧蚀效率方面，纳秒激光加工明显优于飞秒激光加工，特别在去除较大的区域时，纳秒激光加工时间短、加工效率高。在齿面烧蚀形貌与热属性方面，飞秒激光能够使得材料表面保持良好的光洁度，能有效避免热效应带来的负面影响；在相同能量数量级的尺度内，当齿面温度高于材料的汽化温度时，纳秒激光会出现更明显的热效应，继续增大能量会破坏齿轮材料的微观结构；而飞秒激光随着能量的增大，能够有效减少齿轮材料微观结构的破坏。在烧蚀凹坑成分的检测方面，纳秒激光在达到汽化温度时，能够保证齿轮材料性质的完整性，不会产生影响材料特性的新物质；而飞秒激光主要依靠声子-电子-晶格系统的耦合作用，在源头上有效避免了各种热影响带来的化学反应，减少了飞秒激光加工后的拉曼成分检测工作，修正微米量级的材料更具优势。总之，纳秒激光在加工效率、加工成本上具有很大优势，飞秒激光在峰值能量、加工精度、加工形貌等方面优于纳秒激光。因此，修正齿轮齿面时，纳秒激光适用于去除面积大、加工余量大的情况，可用于螺旋锥齿轮齿面的粗修正；而飞秒激光适用于区域面积小、加工精度高的情况，可用于螺旋锥齿轮齿面的精修正[51]。

第4章　面齿轮的飞秒激光烧蚀特征及精微加工工艺

4.1　飞秒激光精微加工面齿轮的物理作用机理

4.1.1　飞秒激光加工面齿轮的物理作用过程动态效应

飞秒激光可分为三个过程：激光束的吸收过程、材料相变过程以及等离子体膨胀和辐射过程[63]。对于飞秒激光精微加工面齿轮，烧蚀齿面温度、烧蚀凹坑大小与齿面形性等主要受多脉冲能量串行耦合效应、材料变厚度效应、材料变焦效应、材料动态吸收效应、等离子体冲击波效应和齿轮材料成分间互温感应效应等物理作用过程的影响，如图4.1所示。

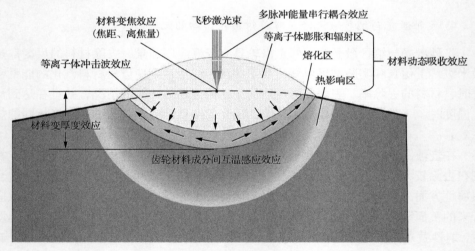

图 4.1　飞秒激光精微加工面齿轮的物理作用过程动态效应

1）多脉冲能量串行耦合效应

飞秒激光修正齿曲面时，多个脉冲激光叠加，前一个激光脉冲辐照后累积的能量转化为后一个激光脉冲辐照的入射激光能量，产生多脉冲能量串行耦合效应，从而影响入射激光能量烧蚀齿面[15]。

2）材料变厚度效应和材料变焦效应

齿面经机械数控加工后，激光修正加工齿面不同点的去除材料厚度不同（材料变厚度效应）；随着各点法矢和曲率的变化，激光焦距和离焦量发生动态变化（材料变焦效应)。材料变厚度效应和材料变焦效应会影响烧蚀齿面材料的能量分布变化规律。

3）材料动态吸收效应

激光辐照下产生熔化区、等离子体膨胀和辐射区、热影响区，齿面温度随时间尺度变化，齿轮材料吸收率也随之变化。根据齿轮材料吸收率和齿面温度的变化规律，依据非傅里叶导热定律来研究材料动态吸收效应。

4）等离子体冲击波效应

飞秒激光烧蚀齿面材料时，在等离子体形成前激光辐照就已结束，超快形成压缩而产生的等离子体冲击波效应对激光脉冲能量的吸收、晶格与晶格间的热传递及诱导齿表面结构形貌等均产生影响。

5）齿轮材料成分间互温感应效应

由于齿轮材料(18Cr2Ni4WA、20CrMnTi 等)中各组成金属成分的吸热率和相互间热传导能量不同，且最终达到平衡温度态，所以飞秒激光加工过程中材料晶格与晶格间的热传递过程及吸收能量密度会受到影响，齿轮材料成分间会产生互温感应效应[63]。

4.1.2　飞秒激光加工面齿轮的物理作用机制与理论模型

对于飞秒激光与金属材料的相互作用，需要建立复耦合理论模型。金属材料的光子与电子、电子与晶格以及晶格与晶格之间的热传递过程和物理作用机制，如图 4.2 所示。

复耦合理论模型主要基于双温模型和三温模型。

1. 双温模型

Anisimov 等提出了用双温模型来描述飞秒激光与金属相互作用过程，考虑了光电和热电子发射之间的作用，确定可以通过测量由飞秒激光脉冲产生的热电子发射来研究电子系统和晶格系统之间的弛豫关系[15]。

飞秒激光与物质相互作用系统的时间演化由两个耦合微分方程描述：

$$C_e \frac{\partial T_e}{\partial t} = \nabla \left[k_e \nabla(T_e) \right] - G(T_e - T_1) + S(r,t) \tag{4.1}$$

$$C_1 \frac{\partial T_1}{\partial t} = G(T_e - T_1) \tag{4.2}$$

式中，T_e、T_1 分别为电子系统、晶格系统的温度；C_e、C_1 分别为电子热容、晶格热容；G 为电子与晶格的耦合系数；k_e 为电子热导率；t 为时间；r 为几何模型中任意位置到激光束轴的距离；$S(r,t)$ 为单位体积内激光热源辐照的功率密度。

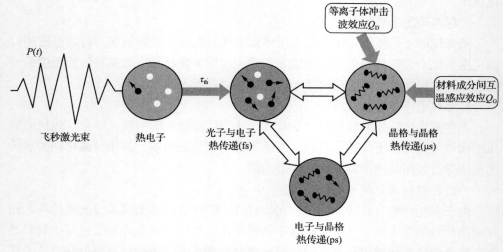

图 4.2　飞秒激光加工曲面齿轮过程中的复耦合理论模型物理作用机制

2. 三温模型

Lee 等提出了用于砷化镓的三温模型，以检查光子、载流子、LO 声子和声子之间的相互作用，进一步讨论了脉冲持续时间和激光能量密度对热传递的影响，以及复合对载流子数密度变化的作用。在有限的时间内存在载流子、LO 声子和声子之间的不平衡，之后它们随着时间的流逝逐渐平衡[15]。Beaurepaire 等使用两个独立的抽运探针测量（光学和磁光）得到了电子温度和自旋温度的动力学方程，并在双温模型的基础上提出了三温模型[15]。

假设存在三个交换能量的热化储层，即温度为 T_e 的电子系统、温度为 T_s 的自旋系统和温度为 T_l 的晶格系统，系统的时间演化由三个耦合微分方程描述为

$$C_e\left(T_e\right)\frac{\partial T_e}{\partial t} = -G_{el}\left(T_e - T_l\right) - G_{es}\left(T_e - T_s\right) + S(r,z,t) \tag{4.3}$$

$$C_l\left(T_l\right)\frac{\partial T_l}{\partial t} = G_{el}\left(T_e - T_l\right) - G_{ls}\left(T_l - T_s\right) \tag{4.4}$$

$$C_s\left(T_s\right)\frac{\partial T_s}{\partial t} = G_{es}\left(T_e - T_s\right) + G_{ls}\left(T_l - T_s\right) \tag{4.5}$$

式中，C_s 为自旋系统热容；T_s 为自旋系统的温度；G_{el} 为电子-晶格系统的耦合系数；G_{es} 为电子-自旋系统的耦合系数；G_{ls} 为晶格-自旋系统的耦合系数；z 为到顶

面的穿透深度；$S(r,z,t)$ 为吸收的激光热源。

4.2　飞秒激光精微加工面齿轮实验条件与加工工艺

4.2.1　飞秒激光精微加工面齿轮实验条件

1. 飞秒激光精微加工系统

飞秒激光精微加工系统的结构组成如图 4.3 所示，该结构主要由飞秒激光器、折射镜、扩束器、三维振镜系统、CCD 相机、测距仪（精度为 0.01mm）、远心场镜、吹气系统、四轴移动平台和计算机系统等部分组成[47]。飞秒激光器为FemtoYL-100 全光纤激光器，最大功率为 116.4W，激光束质量因子 M2 为 1.259，功率稳定性为 0.1%，光斑发散角为 1.306mrad，能产生中心波长为 1030nm 的脉冲激光，脉宽为 300fs～6ps 可调，重复频率为 25～5000kHz 可调，可产生持续时间 800fs 的连续可变脉冲。两个折射镜用于激光的校准，一个负责水平方向的校准，另一个负责垂直方向的校准。扩束器用于增大激光束直径，减小激光发散角，便于更好地聚焦，它由一个凹透镜和一个凸透镜组成，激光束由凹透镜射入，从凸透镜射出，避免了激光在扩束器内聚焦导致能量损耗和光学元件被烧坏。三维振镜系统中的 D 轴和 E 轴振镜用于调整激光方向，远心场镜能使不同激光方向的激光焦点在同一水平面上，W 轴透镜用于控制焦点在垂直方向上移动。调焦机构上 Z 轴控制三维振镜系统的垂直方向调焦范围，但在飞秒激光加工过程中 Z 轴和四

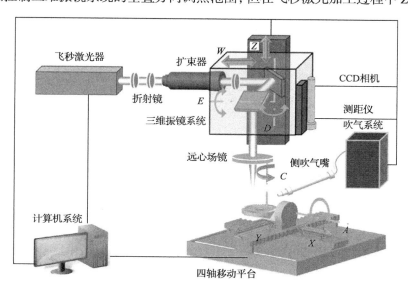

图 4.3　飞秒激光精微加工系统的结构组成

轴移动平台的四个轴(X、Y、A、C)是不能动的，需要在加工前调整。测距仪用于确认加工面与焦点的垂直方向相对位置。CCD 相机用于观测加工面与焦点在水平方向的相对位置。吹气系统向飞秒激光加工区域喷射稀有气体，以减少飞溅物残留，提高加工质量。飞秒激光精微加工系统共有八个运动轴，其参数如表 4.1 所示。

表 4.1　飞秒激光精微加工系统的运动轴参数

运动轴	参数	技术指标
X、Y 移动轴	移动范围	400mm×250mm
	最大移动速度/(mm/s)	250
	重复精度/μm	±1.5
	定位精度/μm	±3.0
	分辨率/μm	0.1
D、E 旋转轴和 W 移动轴	扫描范围	67mm×67mm
	W 轴聚焦范围/mm	±13.5
	扫描速度/(mm/s)	≤5000
	跳转速度/(mm/s)	≤10000
	重复定位精度/μrad	2
Z 移动轴	移动范围/mm	200
	最大移动速度/(mm/s)	20
	分辨率/μm	1
A、C 旋转轴	旋转范围/(°)	360
	定位精度/(″)	±10
	重复精度/(″)	±3

2. 面齿轮飞秒激光精微加工安装

面齿轮安装时，以面齿轮的上下端面为工作面进行轴向定位，以键槽槽壁为工作面进行周向定位，以面齿轮内孔孔壁为工作面进行径向定位。因此，在飞秒激光加工面齿轮和齿面误差检测时，均以面齿轮下端面和面齿轮的内孔为定位基准，实现高速数控铣削、齿面误差检测、飞秒激光加工，使面齿轮工作的定位基准相统一，可减少误差产生[47]。

正交面齿轮加工试件(如图 1.2 所示)，通过夹具安装在飞秒激光加工四轴移动平台上，如图 4.4 所示。该夹具属于自制的非标准夹具，夹具柱体采用硬质塑料制成，以防止对面齿轮内孔孔壁产生磨损，与面齿轮内孔属于间隙较小的间隙配合，面齿轮上方使用封盖和螺栓固定。

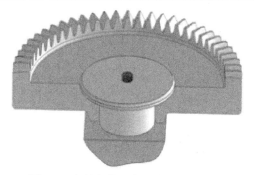

图 4.4　夹具安装正交面齿轮加工试件

　　四轴移动平台上试件可根据三维模型进行动态聚焦,三维振镜系统使激光焦点位于理论齿面点上,因此需要进行定位,使三维理论模型的坐标系和试件的坐标系相统一。飞秒激光精微加工系统的坐标系和三维理论模型的坐标系已固定默认不变,因此需要旋转面齿轮,使面齿轮试件的坐标系和飞秒激光精微加工系统的坐标系重合。在加工一个齿面后,旋转齿轮 6°再加工下一个齿面,伺服电机精度的影响使得转角存在 0.00278° 的误差,反映到定位点会有 5μm 的定位误差。整个面齿轮有 60 个齿,连续转动齿轮的累积定位

图 4.5　面齿轮试件定位点

误差可能达到 100μm 以上,因此在每次转动面齿轮后需要微调进行精准定位,以单齿的大端方向齿顶线中点为定位点,如图 4.5 所示。

　　通过 CCD 相机可在计算机系统的显示屏上直接观测定位情况,十字准星的最小刻度为 100μm,通过微调加工平台的 X、Y 移动轴和 C 旋转轴进行水平方向上定位,如图 4.6(a)所示。通过微调测距仪的 Z 移动轴进行垂直方向上定位,

(a) 水平方向定位　　　　　　　(b) 垂直方向定位

图 4.6　面齿轮试件定位示意图

如图 4.6(b) 所示。每个单齿的齿高存在小于 10μm 的误差，飞秒激光加工中 C 旋转轴不会发生旋转，而测距仪的精度为 10μm，因此垂直方向只定位一次，一经定位便固定不变。

3. 样件实验检测仪器

试件材料为 18Cr2Ni4WA，实验检测前采用 DK7725E 型线切割机床切取样件，切割后得到如图 4.7 所示的 20mm×20mm×30mm 面齿轮实验检测样件，并对其表面进行打磨、抛光处理和清洗[15]。

图 4.7   面齿轮实验检测样件

对飞秒激光精微加工后的烧蚀凹坑进行检测，检测设备为数字三维视频显微镜(HIROX KH-7700)，如图 4.8 所示，其测量精度为 0.001μm，最大放大倍数为 7000，实验测量的放大倍数是 2100 倍，采用能量密度由低到高的逐层扫描方式对烧蚀凹坑进行图像采集，再经过软件合成形貌图，在形貌图上选择测量截面得到烧蚀凹坑直径和深度。

图 4.8   数字三维视频显微镜(HIROX KH-7700 型)

对于表面形貌、切口形貌、热影响区域和烧蚀凹坑深度等检测仪器，还有扫描电子显微镜(FEI Quanta 200)(图 3.20)和形状测量激光显微系统(VK-X260K)，该系统放大倍数在 28000 以下，测量头为分离结构，测量工件的最大限定高度为 28mm，主要用于各种材料表面微观形貌的观察与测量。

4.2.2　飞秒激光精微加工面齿轮工艺

1. 面齿轮飞秒激光加工轨迹规划

飞秒激光加工前工序的面齿轮高速铣削由于存在加工误差，实际齿面与理想齿面之间存在一个差曲面。根据 2.4.1 节内容，高速数控铣削面齿轮后检测得到的差曲面如图 2.25 所示，分析差曲面的误差程度，确定激光精修厚度，对所有的齿面进行分析归类，对精修厚度相近的曲面进行相同加工处理[15]。

分析差曲面后将数据导入 MATLAB 软件，根据激光精修厚度绘制齿面等高线，如图 4.9 所示。依据等高线确定分层的加工厚度及齿面的加工区域划分，如图 4.10 所示。将分区域加工的 CAD 图形数据信息导入飞秒激光精微加工系统中的计算机系统三维加工软件，投影在面齿轮三维模型的齿面上，绘制扫描路径，设置激光加工工艺参数，如扫描形式、扫描速度、扫描道间距和激光束入射角等，软件会在加工区域内自动生成扫描路径，再将轴向剖面上的扫描路径投影至齿面上，生成三维齿面模型上的扫描路径，计算机系统会根据扫描路径通过三维振镜系统控制飞秒激光焦点沿扫描路径在面齿轮齿面上移动。在待加工的面齿轮定位完成

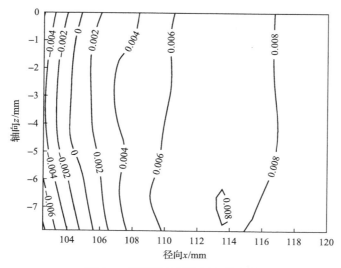

图 4.9　齿面激光精修厚度等高线

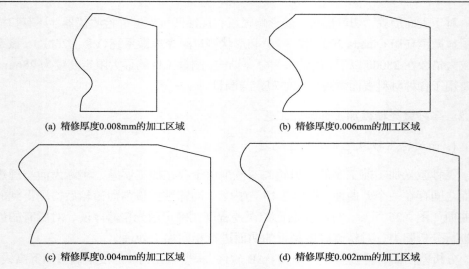

(a) 精修厚度0.008mm的加工区域　　　　　　(b) 精修厚度0.006mm的加工区域

(c) 精修厚度0.004mm的加工区域　　　　　　(d) 精修厚度0.002mm的加工区域

图 4.10　　齿面的加工区域划分

之后，进行初次加工，加工完成后再以整个齿面作为加工区域，根据等高线图进行二次加工。加工过程中为减小等离子体效应和残留飞溅物对加工质量的影响，应在加工时配备等频率的吹气气嘴对齿面上激光焦点位置喷射氩离子气体，减小等离子体效应带来的影响。加工完一个齿面后，重新分析规划其他齿面的等高线图与区域图，直到完成所有齿面加工[15]。

　　激光扫描形式分为两种：①环形扫描(图 4.11(a))，以加工区域轮廓为边界不断向内等距扫描，或者以加工区域轮廓中心为起点不断向外等距扫描；②直线扫描(图 4.11(b))，扫描成直线并互相平行。由图 4.11 分析可知，环形扫描的起始

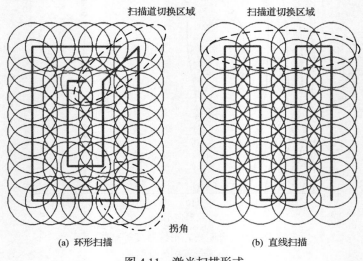

(a) 环形扫描　　　　　　　　　　　(b) 直线扫描

图 4.11　　激光扫描形式

点和结束点无法完美地连接在一起，并且在扫描道切换区域有明显的拐角，导致齿面加工区域存在的棱角更大，对烧蚀区域内的烧蚀质量产生影响；而直线扫描的起始点和结束点都在烧蚀区域边缘，因此激光器的开闭光延迟对烧蚀区域内部烧蚀质量没有影响，齿面的飞秒激光扫描形式一般选用直线扫描[47]。

在激光完成一条扫描道切换至下一扫描道时，该切换过程中于前一扫描道结束点激光器闭光，于后一扫描道起始点激光器开光，激光束与齿面的倾角可在 0°～90°调整，扫描道平行于齿根和齿顶，由齿根扫描至齿顶。每条扫描道的激光扫描过程都是相互独立的，由扫描道切换过程分隔开来。根据图 4.10 所示齿面的加工区域划分，每个片区内划分多条扫描道；根据图 4.9 所示齿面激光精修厚度等高线逐层加工[15]。面齿轮采用分区扫描、逐层加工的方法精微加工，轨迹规划如图 4.12 所示。

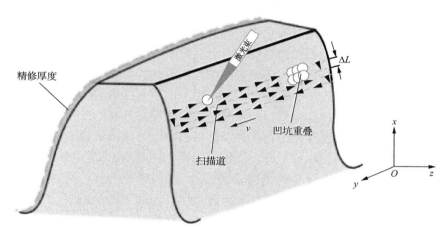

图 4.12　面齿轮精微加工轨迹规划

2. 面齿轮的飞秒激光精修工艺

面齿轮的精修工艺比较复杂，需要重复进行如下多个工艺步骤[15]：

(1)安装。面齿轮经过前工序的高速数控精铣削加工后，飞秒激光加工时，首先是齿轮安装。在飞秒激光精微加工系统中的四轴移动平台(X、Y 移动轴)上，需要一套夹具根据齿轮的形状和尺寸进行定位和夹紧，并实现 A、C 两个转动轴的功能。

(2)激光精修参数调整。根据面齿轮的材料特性调整飞秒激光精微加工参数，包括脉冲数、激光功率、脉宽、扫描速度、扫描间距等。

(3)加工间隔与精微加工定位。飞秒激光加工面齿轮时属于单齿分齿面加工，加工完一个齿面后需要旋转齿轮进行下一个齿面的加工。齿轮的理想齿面与实际齿面的误差不同，因此需要进行每一个齿面的精微加工定位，采用 CCD 相机，齿轮转动一个齿位后，以单齿的大端方向齿顶线中点为定位点，对齿轮进行新的精微加工定位，确保加工间隔、定位精准。

(4) 精修加工方式的确定。加工面齿轮过程中，各个齿面的实际齿面与理想齿面之间存在差异，导致每个齿面上精修厚度不同，因此需要根据上次加工后的齿面检测差曲面，对齿面采用分区扫描、逐层加工的方法进行激光精微加工。

(5) 齿面检测与多次精修。采用齿轮测量中心或三坐标测量机等对每次激光加工的齿面误差进行检测，以确定下次的精修厚度，重复步骤 (2) ~ (4)，直至激光精修加工质量达到要求。

3. 飞秒激光抛光加工

飞秒激光辐射齿轮材料表面时，自由电子发生多光子吸收后温度瞬间上升，高温电子碰撞低温电子或低温原子进行能量传递，且电子之间的能量传递时间为飞秒级，此时金属晶格的温度仍然处于低温，电子和晶格的温度需要皮秒级的时间才能达到平衡，这时飞秒激光作用已经结束。因此，在飞秒激光与材料发生作用的时间内，材料晶格还处于低温的"冷状态"，电子与晶格的温度在飞秒脉冲结束后才达到平衡，即晶格温度在飞秒激光结束后仍然在升高。在飞秒激光与材料发生作用结束后，晶格温度上升至汽化温度的材料迅速汽化被烧蚀，而靠近烧蚀区域未被烧蚀的材料温度难以上升至汽化温度，导致局部热效应。激光功率越高，单脉冲能量越大，电子与晶格的平衡温度越高，飞秒激光与材料发生作用结束后受热效应影响的未烧蚀材料越多，热效应越严重，因此飞秒激光加工中会出现重铸层等热效应的产物[47]。

激光能量在材料内传播存在降低梯度，即电子和晶格的平衡温度沿远离材料表面的方向从汽化温度以上逐渐降低至常温。如图 4.13 所示，飞秒激光烧蚀后的材料分为三层：

(1) 重铸层。材料电子和晶格的平衡温度达到熔化温度以上，但达不到汽化温度，该部分材料在熔化后冷却，残留在材料表面形成重铸层，包括飞溅物、残留熔融物等黑色氧化层。

(2) 热影响层。材料电子和晶格的平衡温度在熔化温度以下，材料未发生熔化，但热影响层与重铸层的交界处在冷却前因高温会发生热扩散和相变，同时温度梯度的存在会产生热应力，但因激光能量随材料厚度的增加呈指数性下降，所以温度梯度随材料厚度的增加而减小，热应力也变小，热影响层也随之变薄。

(3) 基材层。材料电子和晶格的平衡温度很低，到达该层的激光能量微乎其微，该层材料性质没有任何变化。

　　大激光功率下，残留熔融物是重铸层的主要组成，降低激光功率后，残留熔融物逐渐减少甚至消失。

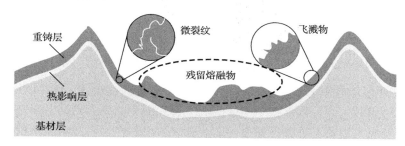

图 4.13　飞秒激光烧蚀后的材料分层示意图

　　重铸层的存在严重影响加工齿面的硬度、齿面粗糙度等表面质量，因此在完成飞秒激光加工后需要去除重铸层，即采用飞秒激光抛光加工。运用低功率多脉冲飞秒激光，可以提高扫描速度、脉冲频率，增大扫描道间距，还可以提高飞秒激光抛光加工的效率。进行飞秒激光精修和飞秒激光抛光加工时的参数及工艺参数如表 4.2 所示。飞秒激光加工前、飞秒激光精修后和飞秒激光抛光加工后的效果对比如图 4.14 所示，由图可见，飞秒激光抛光加工能较好清除重铸层，改善齿面粗糙度。

表 4.2　飞秒激光参数及工艺参数

工艺	扫道间距/μm	扫描速度/(mm/s)	扫描次数	脉宽/fs	功率/W	频率/kHz	离焦量/mm
飞秒激光精修	5	100	1	828	12.08	200	0
飞秒激光抛光加工	15	1000	5	828	14.79	2500	0.3

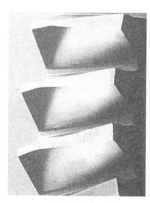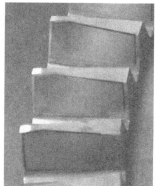

(a) 飞秒激光加工前　　　　(b) 飞秒激光精修后　　　　(c) 飞秒激光抛光加工后

图 4.14　加工效果对比图

4.3　面齿轮材料的飞秒激光烧蚀特性

4.3.1　面齿轮材料的烧蚀阈值

1. 激光功率的测量与损耗

通过理论和实验相结合的经典烧蚀阈值计算方法得到面齿轮材料的烧蚀阈值，计算结果的主要影响参数是烧蚀凹坑直径和激光功率。其中，激光功率取值的准确性会极大地影响后续计算得到的烧蚀阈值可靠性，因此需要对激光实际功率进行测量，以保证激光功率的可靠性[47]。

考虑到飞秒激光从激光器出来到材料表面前会发生损耗，为了提高实验和理论的准确性与烧蚀阈值的可靠性，采用图 4.15 所示的 OPHIR 激光功率计(精度为0.1W)测量激光达到材料表面时的实际功率。在激光系统确认激光设置功率值，再控制产生脉冲时间为 7s 的飞秒脉冲，激光功率计上的测量值由小变大，增大速度先快后慢，3～4s 后激光功率计上的测量值达到最大值并稳定，取此时的测量值为激光实际功率。若无额外说明，则本书激光功率的取值均为激光功率计测量得到的激光实际功率。

图 4.15　OPHIR 激光功率计

不考虑材料反射率的影响，飞秒激光在到达材料表面前的损耗功率主要损耗在光学系统和空气中。随着脉冲激光脉宽的降低，空气电离阈值先缓慢增大，再快速增大，828fs 的飞秒激光的空气电离阈值约为 10^{14}W/cm^2。经聚焦透镜聚焦后的飞秒激光光斑半径能达到几十微米级别，再加上飞秒激光的超短脉冲、超高功率峰值的特点，很容易先发生多光子电离，多光子电离产生的电子作为"种子"，从而发生碰撞电离，碰撞电离的时间发生在 1ps 之后，因此飞秒激光的空气电离主要为多光子电离。聚焦后的飞秒激光在空气中发生一系列的非线性效应，例如，飞秒激光产生的强电场导致克尔效应，引起激光自聚焦，还有空气电离成的等离子体会使激光散焦。激光功率计探头的功率密度损伤阈值远低于空气电离阈值，为避免聚焦后的飞秒激光击穿烧毁激光功率计的探头，激光焦点设置了较大的负离焦量，即在测量过程中空气电离微乎其微，甚至没有。在没有发生空气电离时，空气对飞秒激光功率的损耗主要为空气分子和气溶胶对激光辐射的吸收。在短距离激光传播中，空气分子导致的功率损耗远低于光学元件导致的功率损耗。气溶胶导致的功率损耗受气溶胶在空气中密度的影响，较好的加工环境意味着气溶胶导致的功率损耗也很小[47]。

　　飞秒激光在到达飞秒激光功率计探头前的损耗功率主要损耗在光学系统中，非线性效应不止发生在空气中，在飞秒激光穿过透镜和被反射镜反射时，作为光学元件材料的石英玻璃、氟化物玻璃等也会发生多光子吸收导致激光功率损耗，功率损耗程度与材料光学性质、光学元件厚度和激光功率大小等有关。

　　图 4.16 为激光功率的变化规律。实际功率与设置功率之间的关系如图 4.16（a）所示，当 100kHz 的飞秒激光设置功率小于 2W 时，激光功率计还能测量到激光

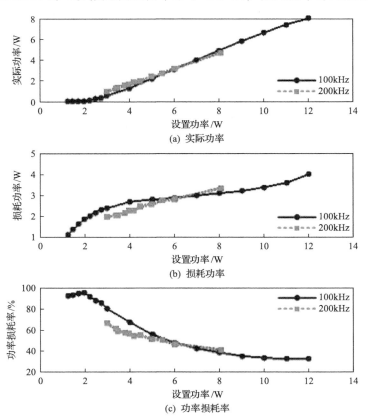

(a) 实际功率

(b) 损耗功率

(c) 功率损耗率

图 4.16　激光功率的变化规律

能量的存在，但功率都很小，这是因为飞秒激光的衰减呈指数性，激光功率经衰减到达材料表面后会变得很小，但仍然存在，还受到了激光功率计的精度和灵敏度的影响。当设置功率大于 2W 小于 11W 时，实际功率随设置功率的增大而增大，两者近似线性关系，这意味着可以在一定范围内对激光实际功率进行较准确的预估和控制。损耗功率与设置功率之间的关系如图 4.16(b) 所示，损耗功率整体趋势上随设置功率的增大而增大。功率损耗率与设置功率之间的关系如图 4.16(c) 所示，100kHz 的飞秒激光设置功率小于 2W 时，功率损耗率越来越大，主要是激光功率计的精度不高导致实际功率的不准确；当设置功率大于 2W 时，功率损耗率随设置功率的增大而减小，测量方法使得光学元件有足够时间上升温度，光学元件的温度随功率的增大而增大，而材料吸收率随材料温度的增高而降低，但不为零，因此导致光学元件功率损耗率随功率的增大不断降低，但不为零。因此，增大设置功率可以增大激光能量的利用率，减少能量损耗，但长时间的高温会缩短光学元件的使用寿命。

2. 烧蚀阈值的计算

烧蚀阈值是指激光对材料造成烧蚀的临界能量密度。材料烧蚀阈值的大小受材料性质、表面形貌等影响。在材料确定的情况下，飞秒激光对材料发生烧蚀具有固定的烧蚀阈值[64]。

飞秒脉冲激光的能量在空间上呈高斯分布，聚焦后光斑上的能量密度分布如图 4.17 所示，F_0 为光斑中心能量密度，激光能量密度振幅减小到 F_0 / e^2 时(其中 e 为自然常数)，光束半径为束腰半径 ω_0，聚焦光斑直径为 $2\omega_0$，若 R 为光斑截面直径上某处与光斑中心的距离，该处的能量密度 $F(R)$ 可表示为

$$F(R)=F_0 \exp\left(\frac{-2R^2}{\omega_0^2}\right) \tag{4.6}$$

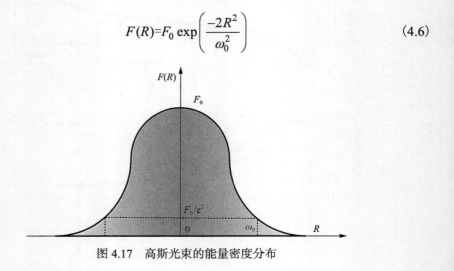

图 4.17　高斯光束的能量密度分布

式 (4.6) 中，在光束横截面上对能量密度积分，可得到单脉冲能量 E_p，通过激光功率 P 和脉冲重复频率 f_n 也可以得到单脉冲能量 E_p，借此确定光束横截面上光斑中心能量密度 F_0，因此得到

$$E_p = \int_0^{+\infty} 2\pi R F(R) dR = \frac{\pi \omega_0^2}{2} F_0 = \frac{P}{f_n} \tag{4.7}$$

单脉冲烧蚀凹坑直径为 D，烧蚀凹坑边缘处的密度刚好足够发生烧蚀，定义距离光斑中心 $D/2$ 处的能量密度为材料的烧蚀阈值 F_{th}：

$$F_{th} = \frac{\rho \Omega_{vap}}{b(1-R)} \tag{4.8}$$

式中，ρ 为密度；Ω_{vap} 为蒸发热；b 为吸收系数；R 为反射率。

烧蚀凹坑直径 D 与光斑中心能量密度 F_0 之间存在以下关系：

$$D^2 = 2\omega_0^2 \ln \frac{F_0}{F_{th}} \tag{4.9}$$

将式 (4.7) 代入式 (4.9)，整理得

$$D^2 = 2\omega_0^2 \left(\ln P + \ln \frac{2}{\pi \omega_0^2 f_n F_{th}} \right) \tag{4.10}$$

由式 (4.10) 可知，烧蚀凹坑直径的平方 D^2 与激光功率的对数 $\ln P$ 成比例（$2\omega_0^2$ 的正比例关系）。采用的光纤激光器存在一定的开闭光延迟（小于 5μs），为减小开闭光延迟对脉冲数的影响，单脉冲飞秒激光的脉冲重复频率设置为 100kHz。如图 4.18 所示，根据不同激光功率 P 下的单脉冲烧蚀凹坑直径 D 绘制散点图 ($\ln P, D^2$)，

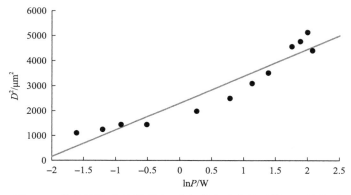

图 4.18　烧蚀凹坑直径的平方 D^2 与激光功率的对数 $\ln P$ 的关系

拟合得到 D^2 关于 $\ln P$ 的直线方程 $D^2 = 1071\ln P - 2304.1$，根据拟合直线斜率得到实际 $\omega_0 = 23.14\mu m$，误差为 $3.14\mu m$，数据点在拟合直线附近的波动不大，实验数据具有合理性。

当烧蚀凹坑直径无限接近于 0 时，光斑中心能量密度就是材料的烧蚀阈值，即 $F_{th} = F_0 = 2P/(\pi\omega_0^2 f_n)$。因此，令式(4.10)中的 $D=0$，从而得到面齿轮材料 18Cr2Ni4WA 的烧蚀阈值为 $F_{th} = 0.1383\mathrm{J}/\mathrm{cm}^2$。

4.3.2 面齿轮材料烧蚀的动态吸收效应

1. 材料对激光的吸收

面齿轮材料动态吸收效应影响材料的烧蚀过程，材料吸收率随齿面温度的升高而增大，随时间 t 的增加而变化。激光束一照射到材料表面就发生反射、吸收、透射三个过程。反射发生在材料表面，将激光能量损耗至材料外部，能量损耗所占总能量的比例为材料反射率 R。吸收和透射发生在材料内部，激光在不断往材料内部透射的同时被材料不断吸收，被材料吸收的激光能量比例为材料吸收率 β，当完全透射材料后，激光能量剩余比例为材料透射率 T，透射光的光路就是光在材料中的折射光路[64]。

材料吸收率 β 可表示为

$$\beta = 1 - R - T \tag{4.11}$$

大部分金属的反射率 R 为 70%～95%。根据经验，金属材料具有较高的反射率和较低的吸收率。金属材料是不透明材料，其透射率很低，在材料厚度足够大的情况下，激光能量绝大部分都被材料吸收，虽然发生了透射过程，但透射到材料外的能量几乎没有，透射率低到等于零。

因此，金属材料的吸收率 β 为

$$\beta = 1 - R \tag{4.12}$$

面齿轮材料 18Cr2Ni4WA 的材料吸收率 β 由其反射率 R 决定。材料反射率 R 分为垂直方向的反射率 R_s 和平行方向的反射率 R_p，这是由光的波动性决定的。入射光和反射光所在平面为入射面，将入射光矢量按垂直于入射面振动和平行于入射面振动分为两个分量，通常把入射光垂直于入射面振动分量的反射率作为 R_s，把入射光平行于入射面振动分量的反射率作为 R_p。根据菲涅耳公式和折射定律，考虑激光入射角 θ_s 和材料折射率 n，可得垂直方向的反射率 R_s 为

$$R_s = \frac{\sin^2\left(\theta_s - \arcsin\dfrac{\sin\theta_s}{n}\right)}{\sin^2\left(\theta_s + \arcsin\dfrac{\sin\theta_s}{n}\right)} \tag{4.13}$$

平行方向的反射率 R_p 为

$$R_p = \frac{\tan^2\left(\theta_s - \arcsin\dfrac{\sin\theta_s}{n}\right)}{\tan^2\left(\theta_s + \arcsin\dfrac{\sin\theta_s}{n}\right)} \tag{4.14}$$

激光在垂直方向和平行方向上的振幅分布与偏振方向有关，测量得到光束的相互垂直两方向上的直径分别为 2.519mm 和 2.506mm，由此判断该激光束为圆偏振光。圆偏振光的垂直方向和平行方向的两个分量可以视为相等，由此可得

$$R = \frac{1}{2}\left(R_s + R_p\right) \tag{4.15}$$

当激光垂直入射（$\theta_s = 0$）时，可得

$$R = R_s = R_p = \frac{(n-1)^2}{(n+1)^2} \tag{4.16}$$

式(4.15)并未考虑材料对激光的吸收，因此需要考虑材料的消光系数 κ ，得到考虑光吸收的材料反射率的表达式为

$$R = \frac{(n-1)^2 + \kappa^2}{(n+1)^2 + \kappa^2} \tag{4.17}$$

则材料吸收率可以表达为

$$\beta = \frac{4n}{(n+1)^2 + \kappa^2} \tag{4.18}$$

材料吸收系数 b 可以根据其消光系数 κ 和激光波长 λ_0 得到：

$$b = \frac{4\pi\kappa}{\lambda_0} \tag{4.19}$$

材料反射率受材料光学性质、材料齿面粗糙度、激光的入射角和脉宽等影响。若加工材料已经确定，材料光学性质不变，材料折射率 n 和材料消光系数 κ 也会确定，而材料齿面粗糙度是不可精准控制的，只能保证在一定范围内。激光参数

可以通过系统精准控制和保持稳定。

激光能量密度随着传播距离 x 的增大呈指数规律衰减，即入射激光能量密度为 F_{in} 的激光在经传播距离 x 后的剩余能量密度 F_{out} 为

$$F_{out} = F_{in} \exp(-bx) \tag{4.20}$$

则距离材料表面 H 处的材料内能量密度为

$$F(H,R) = \beta b F(R) \exp(-bH) \tag{4.21}$$

2. 材料吸收系数的计算

激光在材料中传播时，随着传播距离的增加不断衰减，这主要是由于材料对激光的吸收。材料吸收系数表征材料对激光的吸收能力，决定激光在材料中单位传播距离的衰减程度，影响激光对材料的烧蚀。式(4.21)就中含有材料吸收系数和材料吸收率。本节主要考虑材料吸收率和材料吸收系数对能量密度分布的影响，温度对材料吸收率和材料吸收系数的影响不是研究重点，因此不考虑温度影响，将材料吸收率和材料吸收系数当成常数。关于 18Cr2Ni4WA 材料的激光实验文献较少，缺少可供参考的 18Cr2Ni4WA 材料吸收系数，因此尝试用 Fe 的参数来代替。根据式(4.19)，材料吸收系数 b 可以根据其消光系数 κ 和激光波长 λ_0 得到，查得铁的材料吸收系数为 $50.5827\mu m^{-1}$，为确认数据的准确性，现对其进行理论和实验验证。

当 $F_0 = F_{th}$ 时，光斑中心 $R=0$、$H=0$ 处的能量密度应达到烧蚀阈值，此时 $F(H,R) = \beta b F_{th}$，该值为材料内部的烧蚀阈值，材料就能够被烧蚀。对式(4.21)进行转化，设定 $R=0$，$H = h_{max}$，$F(h_{max},R) = \beta b F_{th}$，得到光斑中心位置的烧蚀凹坑深度 h_{max} 为

$$h_{max} = b^{-1} \ln P + b^{-1} \ln\left(\frac{2}{\pi \omega_0^2 f_n F_{th}} \right) \tag{4.22}$$

由式(4.22)可知，烧蚀凹坑深度 h_{max} 和激光功率的对数 $\ln P$ 成比例（b^{-1} 的正比例关系）。如图 4.19 所示，根据不同功率 P 下的单脉冲烧蚀凹坑深度 h_{max} 绘制散点图（$\ln P$，h_{max}），绘制实验值拟合直线，得到 18Cr2Ni4WA 材料吸收系数 $b = 0.8032\mu m^{-1}$。将 18Cr2Ni4WA 的理论材料吸收系数 $b = 0.5188\mu m^{-1}$（误差为 -35.4%）代入式(4.22)中得到理论直线方程，此时理论值与实验值的拟合程度最好，理论值的合理性最高，与 Fe 的材料吸收系数相比，其误差在可接受范围内，这说明结合实验与理论得到更准确的 18Cr2Ni4WA 材料吸收系数是有必要的。

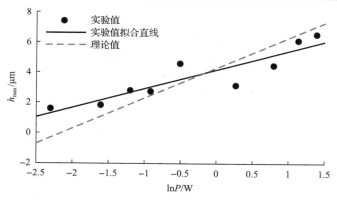

图 4.19　烧蚀凹坑深度 h_{max} 与激光功率对数 $\ln P$ 的关系

4.4　飞秒激光精微加工复耦合模型与实验分析

4.4.1　基于变焦效应的能量密度模型与实验分析

1. 多脉冲能量串行耦合效应

多脉冲能量串行耦合效应是指前一个脉冲激光作用于材料结束后，一部分热量损失在外部环境中，而大部分热量被吸收后传递并累积于材料内部，如图 4.20 所示。对于多脉冲飞秒激光加工，加工过程中产生多脉冲能量串行耦合效应，低能量密度区域的能量密度随脉冲数不断累积达到烧蚀阈值，从而导致低能量密度区域材料被烧蚀。未烧蚀区域受多脉冲能量串行耦合效应的影响比烧蚀区域大，这是因为烧蚀区域内的激光入射能量密度已达到烧蚀阈值，能量是否累积都会发生烧蚀，而未烧蚀区域在多脉冲能量串行耦合后才发生烧蚀。多脉冲能量串行耦合效应对烧蚀凹坑直径的影响很大，但对烧蚀凹坑深度的影响较小[64]。

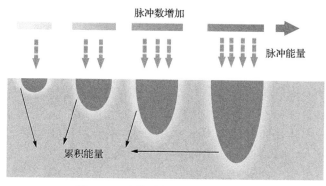

图 4.20　多脉冲能量串行耦合效应

设 s 为 18Cr2Ni4WA 的能量累积系数，用于表示材料中多脉冲能量串行耦合效应的程度，当 $s=1$ 时，材料不存在多脉冲能量串行耦合效应。飞秒激光脉冲的间隔时间越长，多脉冲能量串行耦合效应越弱，为保证能量累积系数 s 相对固定，加工中保持飞秒激光的脉冲频率不变。将飞秒脉冲激光按累积程度在材料内部残留的能量等价转换为下次飞秒脉冲激光的能量，可以获得在材料内部距离表面 H 处第 N 个激光脉冲辐照后的能量密度：

$$Q_{\mathrm{T}} = b\beta F(R)\exp(-bH)N^{1-s} \tag{4.23}$$

2. 变焦效应

离焦量对微孔加工的影响如图 4.21 所示，高斯光束聚焦时束腰处光斑直径最小，图 4.21(b) 中激光束腰处位于材料表面附近，能够形成平底状微坑；如图 4.21(a) 和 (c) 所示，正离焦量和负离焦量的存在都会造成烧蚀凹坑直径增大和烧蚀凹坑深度减小的现象。在离焦量不同的情况下，离焦量为零时的烧蚀率最大，这是由于束腰处的能量密度最高。当离焦量为正时，激光在到达材料表面之前已经聚焦，发生了一系列非线性效应，损耗了部分激光能量，因此正离焦量的烧蚀率会低于同位置的负离焦量烧蚀率[47]。

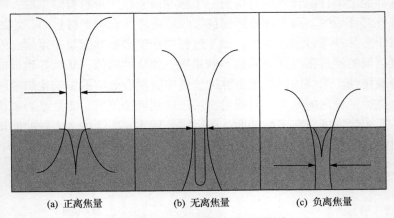

(a) 正离焦量　　　　　(b) 无离焦量　　　　　(c) 负离焦量

图 4.21　离焦量对微孔加工的影响

变离焦量示意图如图 4.22 所示，在光斑中心位置，保持飞秒激光的束腰位置不变，随着脉冲数的增加，烧蚀凹坑深度不断增加，单个脉冲飞秒激光的离焦量不断变化，因此对飞秒激光加工产生影响，即光斑中心位置的离焦量随脉冲数的变化而不断变化，这就是多脉冲飞秒激光加工中的变焦效应。

作为高斯光束的飞秒激光经过聚焦透镜后仍是高斯光束，图 4.23 为聚焦透镜对高斯光束的变换示意图。图中，l 为入射聚焦透镜前束腰到聚焦透镜的距离，f

为聚焦透镜的焦距，D_L 为入射到聚焦透镜表面的光束半径，ω_1 和 ω_0 分别为高斯光束聚焦前和聚焦后的光斑半径。

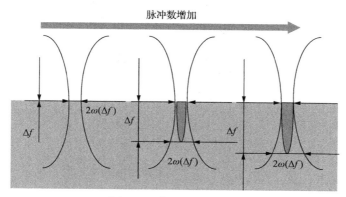

图 4.22　变离焦量示意图

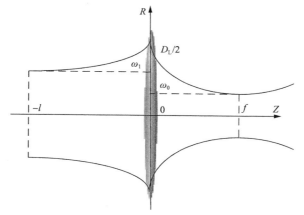

图 4.23　聚焦透镜对高斯光束的变换示意图

为提高聚焦效果，减小聚焦光斑半径，尽可能达到衍射极限，使得 $l \gg f$，可得

$$\omega_0 = \frac{\lambda_0 f}{\pi D_L} \tag{4.24}$$

由式(4.24)可知，聚焦光斑半径 ω_0 与波长 λ_0 成正比，随着聚焦透镜焦距的增大而增大，与入射到聚焦透镜表面的光束半径成反比。因此，要减小聚焦光斑半径，可以选用焦距较小的聚焦透镜，或者使用扩束器增大入射到聚焦透镜表面的光束半径。当上述参数稳定时，聚焦光斑半径也会稳定。

如图 4.24 所示，高斯光束的横截面上的能量密度与离光轴距离 R 呈高斯函数变化，其传播路径呈双曲线。激光束横截面半径 $\omega(\Delta f)$ 随离焦量 Δf 的变化函数为

$$\omega(\Delta f) = \omega_0 \sqrt{1 + \left(\frac{\lambda_0 \Delta f}{\pi \omega_0^2}\right)^2} \tag{4.25}$$

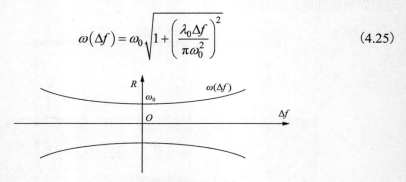

图 4.24　光束半径的变化示意图

由式(4.25)可知，激光束横截面半径 $\omega(\Delta f)$ 随离焦量 Δf 的增大而增大，分散激光能量与降低能量密度。由式(4.6)可知，激光能量密度在光束横截面上的分布受光束横截面半径和光束横截面中心能量密度的影响。由式(4.7)可知，光束横截面上光斑中心能量密度可由光束横截面半径得到，再根据高斯光束的聚焦和传播原理(式(4.25))，离焦量 Δf 处的光束横截面上的能量密度分布规律为

$$Q_C = \frac{F_0}{1 + \left(\frac{\lambda_0 \Delta f}{\pi \omega_0^2}\right)^2} \exp\left\{ - \frac{2R^2}{\omega_0^2 \left[1 + \left(\frac{\lambda_0 \Delta f}{\pi \omega_0^2}\right)^2\right]} \right\} \tag{4.26}$$

3. 多脉冲飞秒激光烧蚀的能量密度模型与仿真

结合多脉冲能量串行耦合效应和变焦效应，根据式(4.23)和式(4.26)得到材料吸收能量后内部的能量密度为[64]

$$F(H,R) = \frac{\beta b F_0}{1 + \left(\frac{\lambda_0 H}{\pi \omega_0^2}\right)^2} \exp\left\{ - \frac{2R^2}{\omega_0^2 \left[1 + \left(\frac{\lambda_0 H}{\pi \omega_0^2}\right)^2\right]} - bH \right\} N^{1-s} \tag{4.27}$$

根据式(4.27)改变激光参数，使用 MATLAB 仿真计算得到烧蚀凹坑轴截面每个点 (H,R) 的能量密度 $F(H,R)$，去掉达到 $F(H,R) = \beta b F_{th}$ 的被烧蚀材料，就能得到烧蚀凹坑剖面仿真图，如图 4.25 所示，用色标表示能量密度，可以直接看出烧蚀凹坑的直径和深度，并且能量密度在轴向和径向逐渐衰减，轴向的衰减速度大于径向的衰减速度。

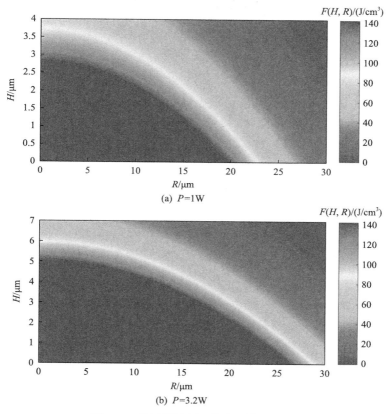

(a) P=1W

(b) P=3.2W

图 4.25　烧蚀凹坑剖面轮廓及能量分布

本节主要研究对象和测量对象为烧蚀凹坑直径和烧蚀凹坑深度,因此对式
(4.27)进行简化。为能更直观地得到烧蚀凹坑深度和脉冲数之间的关系,使式(4.27)
中的 $F(H,R)=\beta b F_{\text{th}}$, $H=0$,即 N 个脉冲后距离光斑中心位置 R 处达到烧蚀阈值,
可得到烧蚀凹坑直径 D=2R 与脉冲数的定量关系为

$$D = \omega_0 \sqrt{2\ln\left(\frac{F_0}{F_{\text{th}}} N^{1-s}\right)} \qquad (4.28)$$

由式(4.28)可得到烧蚀凹坑直径 D 与脉冲数 N 的关系,如图 4.26 所示。为保
证能量累积系数 s 的可靠性,在激光功率 P=1W,重复频率 f_n=200kHz 下,以脉冲
数 N=20,100,200,500,1000,2000,3000,4000,5000,6000 的条件烧蚀材料
18Cr2Ni4WA,并测量烧蚀凹坑直径 D,绘制 (N, D) 散点图,根据式(4.27)仿真得
到烧蚀凹坑直径与脉冲数的理论拟合曲线。由此可知,当能量累积系数 s=0.9967
时,拟合曲线与测量散点的拟合优度 r^2=0.9908(拟合优度 r^2 表示拟合曲线的拟合

程度，最大值为 1，越接近 1 说明拟合程度越好），拟合曲线的拟合程度优异，验证了当 $s=0.9967$ 时模型具有较高的可靠性。由图 4.26 可以看出，脉冲数大于 20 时，烧蚀凹坑直径达到 $40\mu m$ 左右并保持稳定。

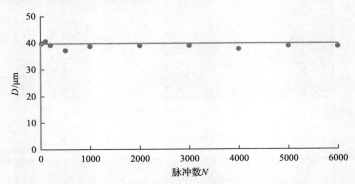

图 4.26　烧蚀凹坑直径 D 和脉冲数 N 的关系

烧蚀凹坑深度会受变焦效应和多脉冲能量串行耦合效应的影响。当烧蚀凹坑深度 h_{max} 位于光斑中心，即 $R=0$，$H=h_{max}$，$F(H,R)=\beta bF_{th}$ 时，代入式（4.27）可知，烧蚀凹坑深度 h_{max} 与脉冲数 N 应满足：

$$\beta bF_{th}=\left[1+\left(\frac{\lambda_0 h_{max}}{\pi\omega_0^2}\right)^2\right]^{-1}\beta bF_0\exp\left(-bh_{max}\right)N^{1-s} \tag{4.29}$$

电子温度和晶格温度的平衡时间在皮秒级，且受功率影响，随后晶格温度将持续降低。实验中飞秒激光脉冲间隔时间为微秒级，在下一个脉冲达到前，材料的晶格温度已远降低至熔化温度以下，这从比较弱的多脉冲能量串行耦合效应也可以看出，因此烧蚀凹坑表面在脉冲间隔时间内完成冷却凝固。

飞秒激光烧蚀后，烧蚀凹坑表面材料主要成分变为氧化混合物，第一个脉冲烧蚀的是 18Cr2Ni4WA，考虑 18Cr2Ni4WA 的材料吸收率 β_1，后面的脉冲考虑氧化混合物的材料吸收率 β_2，其厚度远小于烧蚀凹坑深度，因此忽略对材料吸收系数的影响。据此改变式（4.28），得到烧蚀凹坑深度 h_{max} 与脉冲数 N 应满足：

$$\beta_1 F_{th}=\left[1+\left(\frac{\lambda_0 h_{max}}{\pi\omega_0^2}\right)^2\right]^{-1}F_0\exp\left(-bh_{max}\right)\left[\beta_1 N^{1-s}+(\beta_2-\beta_1)(N-1)^{1-s}\right] \tag{4.30}$$

4. 能量密度模型实验验证与分析

1）烧蚀齿面凹坑形貌特征实验

根据飞秒激光加工系统和图 4.7 所示的面齿轮实验检测样件，按表 4.3 调整飞秒激光加工系统的激光参数进行烧蚀。

表 4.3　　飞秒激光烧蚀 18Cr2Ni4WA 的实验参数

波长 λ_0/nm	频率 f_n/kHz	脉宽 τ_p/fs	聚焦光斑半径 ω_0/μm	功率 P/W	脉冲数 N
1030	100、200	828	23.14	1～3.2	1～6000

飞秒激光烧蚀实验示意图如图 4.27 所示,该实验分为单脉冲烧蚀(图 4.27(a))和多脉冲烧蚀(图 4.27(b))两部分,变化功率进行单脉冲飞秒激光烧蚀实验,变化功率和脉冲数进行多脉冲飞秒激光烧蚀实验。采用变化激光脉冲时间的方式,变化激光脉冲数;通过软件设置功率,使用 OPHIR 激光功率计测量到达样件表面的实际功率。

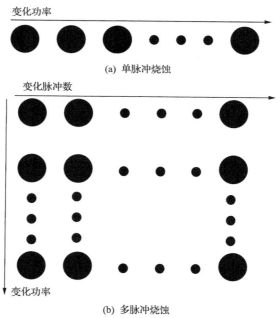

(a) 单脉冲烧蚀

(b) 多脉冲烧蚀

图 4.27　飞秒激光烧蚀实验示意图

设置好激光参数,变化激光功率和脉冲数,分别在激光功率为 1W、1.7W、2W、2.7W、3.2W 的条件下,进行脉冲数为 20、100、1000、2000、3000、6000 的多脉冲飞秒激光烧蚀实验。

随着距离材料表面的深度增加,材料的能量密度呈指数规律衰减。当能量密度达到烧蚀阈值时,材料温度达到汽化温度,材料会直接汽化;当能量密度低于烧蚀阈值时,材料的温度低于汽化温度,但达到熔化温度,材料会熔化成液态;当能量密度继续降低时,材料的温度低于熔化温度,材料仍为固态。用飞秒激光烧蚀时,材料到达汽化温度的时间很短,从而在烧蚀凹坑底部形成较大的气压差,气态材料带动液态材料沿烧蚀凹坑坑壁反向排出烧蚀凹坑外。随着激光功率的增大,熔化成液态的材料增多,导致烧蚀凹坑深度增加,液态材料排出烧蚀凹坑外所需的动能也逐渐增大,此时会有液态材料残留在烧蚀凹坑内,并凝固形成熔融物,从而影响烧蚀凹坑的形貌。烧蚀凹坑内熔融物的残留形式如图 4.28 所示,大致可分为两种:第一种如图 4.28(a)所示,大量熔化的液态材料残留在烧蚀凹坑底部,重新凝固成熔融物,导致烧蚀凹坑底部不平整;第二种如图 4.28(b)所示,熔化的液态材料基本都被推离烧蚀凹坑底部,但因动能不够,导致较大的熔化材料在烧蚀凹坑坑壁重新凝固,形成较大的凸形结构熔融物[64]。

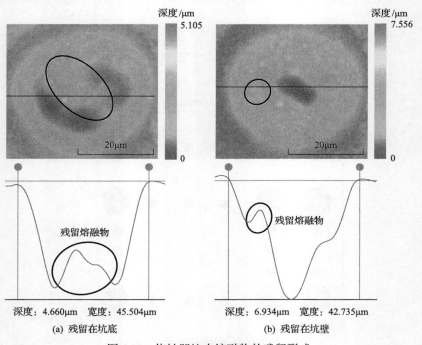

图 4.28　烧蚀凹坑内熔融物的残留形式

烧蚀凹坑内的残留熔融物形貌如图 4.29 所示。如图 4.29(a)所示,单脉冲烧蚀凹坑内的熔融物主要残留在烧蚀凹坑底部,低功率时基本无残留;功率增大,残留的液态材料形成条纹结构;继续增大功率,液态材料增多,气态材料和液态材料混合形成气泡上升并快速爆炸,气泡导致残留的液态材料在烧蚀凹坑底部形成孔洞结构。如图 4.29(b)所示,多脉冲飞秒激光加工中,气态材料在推动液态材料离开烧蚀凹坑时,未能排出烧蚀凹坑的液态材料凝固成较大凸起结构;气态材料的高温和材料中累积的能量会导致烧蚀凹坑表面材料发生二次烧蚀,在烧蚀凹坑表面形成较小的凸起结构;凸起结构弧形高反射的表面会使其难以被烧蚀,并阻碍后续材料的排出。

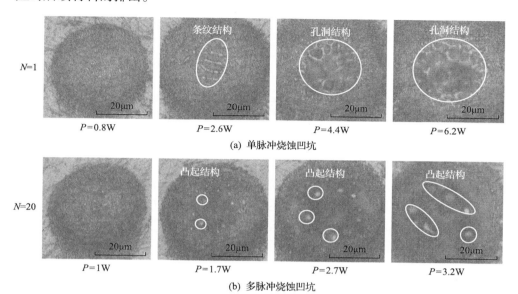

图 4.29　烧蚀凹坑内的残留熔融物形貌

单脉冲烧蚀凹坑内的残留熔融物不会在烧蚀凹坑表面形成较大的凸起。功率较小时，液态材料较少，亚稳态材料爆炸能带走大部分液态材料；功率较大时，液态材料较多，亚稳态材料爆炸气流的冲击力对烧蚀凹坑底部的下层液态材料的力只有向下的力，受烧蚀凹坑轮廓影响，烧蚀凹坑底部的液态材料难以借助冲击力排出，而烧蚀凹坑坑壁的液态材料能够很好地借助冲击力沿着烧蚀凹坑坑壁排出，因此单脉冲烧蚀凹坑残留熔融物主要位于坑底。材料受力简图如图 4.30 所示。低功率（图 4.30（a））时，烧蚀凹坑坑底的液态材料凹液面的曲率较小，凹液面向上的表面张力较小，对亚稳态材料爆炸气流的向下冲击力影响较小，冲击力作用到液态材料会对液态材料产生一个向凹坑外的推力，凹坑底部液态材料因烧蚀轮廓基本不受向外的推力；高功率（图 4.30（b））时，烧蚀凹坑坑底的液态材料凹液面的曲率增大，凹液面向上的表面张力增大，抵消了大部分的向下冲击力，因此形成的推力也变小。

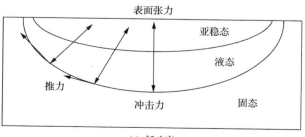

（a）低功率

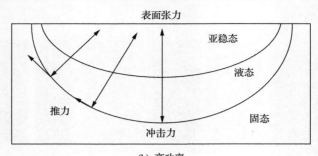

(b) 高功率

图 4.30　材料受力简图

　　增大激光功率,飞秒激光生成的液体材料会增多,烧蚀凹坑底部的残留熔融物也会增多,凹液面较大曲率所产生的表面张力能阻止冲击力对液面的破坏,因此残留熔融物的表面应该平整光滑,但在烧蚀凹坑底部平整光滑的残留物表面总会发现一些不规则孔洞,如图 4.31 所示。经研究,提出三种形成机制:①材料成分不均匀所导致,即材料成分不均匀导致材料烧蚀阈值在不同区域上是不同的,因此亚稳态材料和液态材料的边界不规则,亚稳态材料浸入液体材料,变成气泡后爆炸,在液态材料表面保留气泡孔洞;②中心位置的激光能量更高,中心位置的亚稳态材料温度达到爆炸温度先发生爆炸,对四周的亚稳态材料和液态材料造成扰动,导致两者相互浸入,从而形成孔洞;③液态材料的比热容比气态材料的比热容大,亚稳态材料是指温度达到汽化温度却还是液态的材料,它是以液态材料的比热容吸热升温的,亚稳态材料变气态后温度来不及升高就会放热,在发生爆炸后会释放大量热量,导致靠近亚稳态材料和液态材料边界的液态材料温度上升,也变成亚稳态材料,然后爆炸。

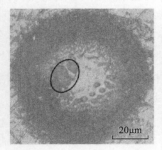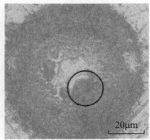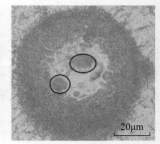

图 4.31　残留物表面的不规则孔洞

　　不同脉冲数和激光功率下的烧蚀凹坑形貌如图 4.32 所示,当激光功率为 1W 时,残留在烧蚀凹坑内的熔融物较少,烧蚀凹坑轮廓较为平滑,烧蚀凹坑底部平整,脉冲数的增加对烧蚀凹坑形貌影响不明显。当随着激光功率增加至 1.7W 和 2W 时,残留在烧蚀凹坑内的熔融物较多,对烧蚀凹坑形貌产生影响,熔融物的凸起较为明显，烧蚀凹坑底部较为不平整。当随着激光功率继续增加至 2.7W 和 3.2W 时，残留在烧蚀凹坑内的熔融物较多，烧蚀凹坑底部非常不规整，频繁出现烧蚀凹坑内的凸起结构高于材料平面的现象，因此其烧蚀凹坑深度已不具备研究价值。结果表明，功率的增加会降低多脉冲飞秒激光加工质量，降低功率能减少甚至避免熔融物的残留，实验中功率为 1W 时烧蚀凹坑形貌最好，多脉冲飞秒激光加工质量较好，当脉冲数大于 20 时，多脉冲飞秒激光加工质量受脉冲数影响较小。

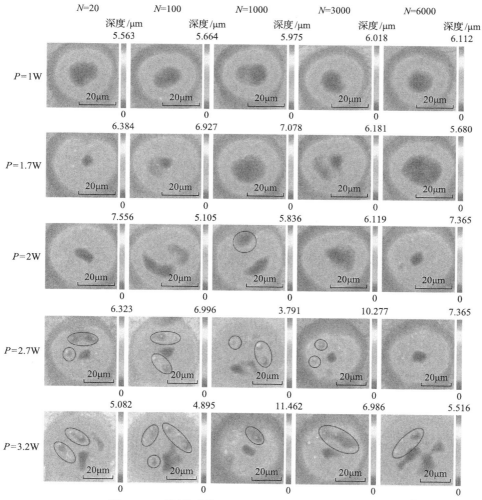

图 4.32　不同脉冲数和激光功率下的烧蚀凹坑形貌

2) 能量密度模型仿真与实验对比分析

不同脉冲数 N 和激光功率 P 下的烧蚀凹坑深度 h_{max} 的仿真与实验对比如图 4.33 所示，散点为不同脉冲数和激光功率下的烧蚀凹坑深度实验值，其余为由式(4.30)得到的理论值。结合图 4.32 和图 4.33 可知，烧蚀凹坑底部残留大量熔融物会导致烧蚀凹坑深度大大减小，使烧蚀凹坑深度实验值明显低于理论值；反之，没有残留熔融物的烧蚀凹坑深度的实验值和理论值相差不大。随着激光功率的增大，残留在烧蚀凹坑底部的熔融物更多，因此烧蚀凹坑深度更大。当激光功率为 1W，脉冲数大于 2000 时，烧蚀凹坑深度随脉冲数变化不大，实验结果和理论模型相差不大；当功率增大至 1.7W 和 2W 时，仅考虑底部没有熔融物残留的烧蚀凹坑深度，实验结果接近理论模型。结果表明，理论模型具有一定的合理性，在保证烧蚀凹坑深度和加工质量的情况下，加工面齿轮材料的激光功率设为 1W 较适合[64]。

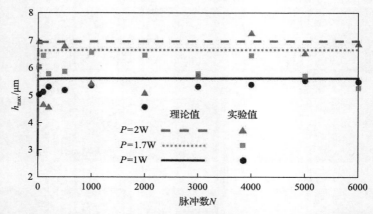

图 4.33 不同脉冲数 N 和激光功率 P 下的烧蚀凹坑深度 h_{max} 的仿真与实验对比

4.4.2 传热物理模型与扫描烧蚀实验分析

1. 面齿轮飞秒激光烧蚀动能量热模型与实验分析

1)材料成分间互温感应效应

飞秒激光与金属材料的相互作用存在不同时间尺度的物理过程，材料成分间互温感应对晶格的作用时间较长，材料相变过程的作用时间次之，激光束吸收过程的作用时间短，需要对多步能量传热过程进行分析。齿轮材料以 Fe 基成分为主，还含有其他化学成分，因此对面齿轮飞秒激光精修加工时，只描述光子与电子、电子与晶格间传热的双温模型不够全面，还需要考虑材料成分间互温感应的影响[15]。

材料成分间互温感应效应影响飞秒激光加工过程中面齿轮材料晶格与晶格间的能量传导过程。面齿轮材料 18Cr2Ni4WA 的化学成分与吸收率如表 4.4 所示，以 Fe 基成分为主，还含有其他化学成分，这里主要讨论 C、Ni、Cr 的影响。齿轮材料中主要化学成分 Fe、Ni 与 Cr 间经互温感应后，达到平衡态的吸收能量模型 Q_G 可表示为[65]

$$Q_{G} = \sum_{i=A}^{C} U_0 m_i X_i \beta_i \tag{4.31}$$

式中，U_0 为材料成分单位质量吸收的能量；m_i 为第 i 种成分的质量；X_i 为第 i 种成分的质量分数；β_i 为第 i 种成分的吸收率，i 可为碳(C)基成分、铬(Cr)基成分和镍(Ni)基成分。

表 4.4　面齿轮材料 18Cr2Ni4WA 的化学成分与吸收率

参数	C	Cr	Ni
质量分数/%	0.18	1.5	4.25
吸收率/%	0.833	0.361	0.284

2）飞秒激光烧蚀动能量热模型

激光脉宽极短（10^{-15}s），电子的热传导比较缓慢，可以忽略不计。因此，描述飞秒激光与面齿轮材料相互作用的烧蚀动能量热模型表示为[65]

$$C_e \frac{\partial T_e}{\partial t} = \nabla\left[k_e \nabla(T_e) \right] - G(T_e - T_1) + S(r,t) \tag{4.32}$$

$$C_1 \frac{\partial T_1}{\partial t} = G(T_e - T_1) - Q_G \tag{4.33}$$

式中，t 为时间；r 为几何模型中任意位置到激光束轴的距离；C_e、C_1 分别为电子热容、晶格热容；k_e 为电子热导率；$S(r,t)$ 为吸收的激光热源；T_e 和 T_1 分别为电子温度和晶格温度；G 为电子-晶格耦合系数。

采用高斯型脉冲激光，激光热源项的表达式为[65]

$$S(r,t) = \frac{F_0}{\tau_p}(1-R)b\exp(-\alpha_b z)\exp\left[-2\times\left(\frac{r}{\omega_0}\right)^2\right]\exp\left[-4\ln2\times\left(\frac{t}{\tau_p}-1\right)^2\right] \tag{4.34}$$

式中，F_0 为入射激光能量密度的最大值；τ_p 为脉宽；R 为材料的反射率；b 为材料的吸收系数；ω_0 为激光光斑半径。

电子热导率的表达式为

$$k_e = k\frac{\left(\theta_e^2 + 0.16\right)^{1.25}\left(\theta_e^2 + 0.44\right)\theta_e}{\left(\theta_e^2 + 0.092\right)^{0.5}\left(\theta_e^2 + \eta\theta_1\right)}$$

式中，$\theta_e = T_e / T_f$；$\theta_1 = T_1 / T_f$。

能量沉积假设呈高斯分布，并由边界热流模拟，热内流公式为[66]

$$-n\left(-k_1\nabla T\right) = \frac{I_0}{\tau_p}(1-R)\alpha_b \exp\left[-2\times\left(\frac{r}{\omega_0}\right)^2\right] \tag{4.35}$$

在模型的另一个边界上，假设热绝缘，强制正常导电通量为零，则有

$$-n(-k\nabla T) = 0 \tag{4.36}$$

根据动能量热模型的两个非线性方程(4.32)和式(4.33)，在有限元软件中建立两个固体传热模块，其分别对应式(4.37)代表的电子系统和式(4.38)代表的晶格系统。电子系统热源 Q_e 及晶格系统热源 Q_l 分别为

$$Q_e = S(x,t) - Q_l \tag{4.37}$$

$$Q_l = G(T_e - T_l) \tag{4.38}$$

设置两个固体传热模块耦合的边界条件和初始条件，经过数值求解可得电子系统和晶格系统温度的演变规律。

模型的初始条件为：$T_e = T_l = 300\mathrm{K}$，模型外表面边界条件由式(4.35)和式(4.36)给出；模型节点数为 2400，时间步长为 0.01ps，求解时间为 30ps，相对容差为 0.05。

3)动能量热模型的数值仿真

动能量热模型中使用的材料特性和激光参数分别如表 4.5 和表 4.6 所示。

表 4.5　材料特性(动能量热模型)

名称	数值	名称	数值
电子热导率 k_e /[W/(m·K)]	78.4	密度 ρ/(kg/m³)	7800
电子热容 C_e /[J/(m³·K)]	706.4	费米温度 T_f /K	1.28×10^5
晶格热容 C_l /[J/(m³·K)]	3.6×10^6	熔化温度 T_m /K	1724
电子-晶格耦合系数 G/[W/(m³·K)]	130×10^{16}	蒸发焓 Ω_{vap} /(J/g)	6288
吸收系数 b/m⁻¹	4.97×10^7	汽化温度 T_v /K	3023
反射率 R	0.64	—	—

表 4.6　激光参数(动能量热模型)

名称	数值	名称	数值
激光光斑半径 ω_0 /μm	20	峰值激光功率 P_{laser} /W	4×10^9
激光能量密度 F_0 /(J/cm²)	1.04~5.25	脉宽 τ_p /fs	800
平均功率 P_{ave} /W	7	波长 λ_0 /nm	1030

结合表 4.5 和表 4.6 中参数对烧蚀能量模型进行求解，取值不同的能量密度后，

将作用时间内所有节点的温度数值拟合得到电子系统和晶格系统的温度演变。图 4.34 为激光能量密度为 1.04J/cm²、3.90J/cm² 和 5.25J/cm²，脉宽为 800fs，激光光斑半径为 20μm 时，齿轮表面的电子和晶格在持续 30ps 内的温度演变过程。电子能量吸收时间标度为飞秒量级，因此当激光能量沉积时，电子被加热，电子温度 (图 4.34 中星号实线) 急剧升高，且在温度为 22000K 时达到峰值，远大于晶格温度，电子温度和晶格温度在 10ps 后达到平衡。图 4.34 表明，随着激光能量密度的增大，电子温度上升的速度加快，其最大值也增大，同时电子系统与晶格系统趋于平衡后，其平稳温度也升高，达到平衡态需要的弛豫时间也变得更长。在进行 800fs 脉冲持续时间和 20μm 激光光斑半径的仿真研究时，使用 1.04～5.25J/cm² 的激光能量密度。

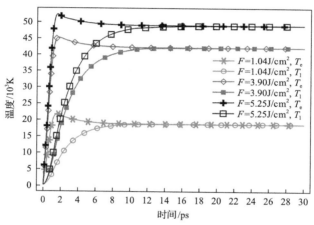

图 4.34　持续 30ps 内齿轮表面的电子和晶格温度演变过程

在同样的激光参数下，针对不同的能量密度绘制的齿面沿轴向和径向的晶格温度分布如图 4.35 所示。由图可见，当飞秒激光烧蚀面齿轮齿面时，随着能量密

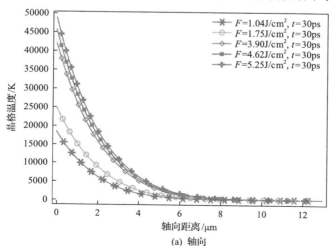

(a) 轴向

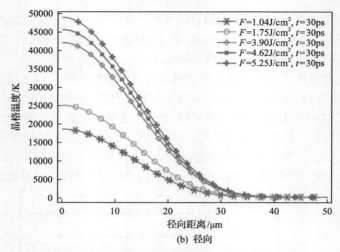

(b) 径向

图 4.35　齿面沿轴向和径向的晶格温度分布

度的增大,晶格温度显著提高。晶格温度沿着轴向深度方向和径向距离逐渐降低。由此说明,晶格温度的分布与轴向距离和径向距离有关。轴向距离小于 5.17μm、径向距离小于 34.01μm 的晶格区域,晶格温度大于材料的汽化温度(3023K)时出现烧蚀破坏,其余的晶格区域基本不受电子与晶格能量耦合的影响。结果表明,飞秒激光的作用只发生在材料表面,对材料内部的影响并不明显,能够实现面齿轮材料的精微烧蚀加工。

　　面齿轮材料在晶格温度达到材料汽化温度时出现烧蚀,即达到去除材料 18Cr2Ni4WA 的汽化温度(3023K)可获得烧蚀凹坑剖面。在激光能量密度为 1.04J/cm² 和 5.25J/cm² 时,齿面烧蚀凹坑剖面(径向和轴向坐标)的轮廓及其温度分布分别如图 4.36(a)和(b)所示,晶格温度分别沿轴向和径向逐步降低。

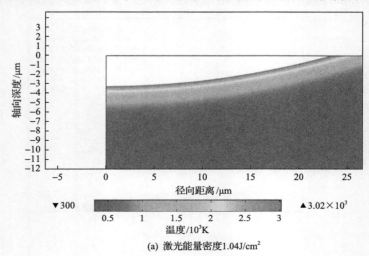

(a) 激光能量密度1.04J/cm²

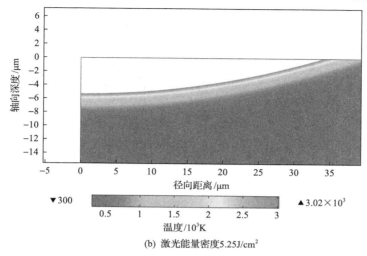

(b) 激光能量密度 5.25J/cm²

图 4.36　齿面烧蚀凹坑剖面的轮廓及其温度分布

4）动能量热模型的烧蚀齿面实验分析

烧蚀齿面实验得到的扫描电子显微镜（SEM）图像如图 4.37 所示。在低激光能量密度（1.04J/cm²）下观察到轻微的表面损伤，如图 4.37（a）所示，注意到图中有波纹图案结构。如图 4.37（b）所示，在高激光能量密度（5.25J/cm²）下，材料因熔化和蒸发而损坏，细小的溅射颗粒也沉积在凹坑底部的表面上[67]。

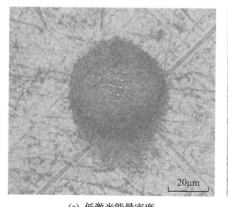
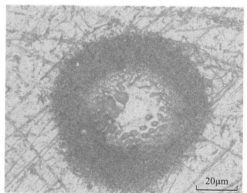

(a) 低激光能量密度　　　　　　　　　　　　(b) 高激光能量密度

图 4.37　低激光能量密度和高激光能量密度下烧蚀凹坑的 SEM 图像

采用 Motic Images Plus 3.0 软件在由三维超景深显微镜获得的图像上拟合，来测量烧蚀凹坑直径和烧蚀凹坑深度，如图 4.38 所示。激光能量密度分别为 1.04J/cm² 和 5.25J/cm² 时，烧蚀凹坑直径分别为 44.581μm 和 69.041μm，对应的烧蚀凹坑深度分别为 3.147μm 和 6.425μm。不同激光能量密度下测得的烧蚀凹坑直径和烧蚀凹坑深度的预测值和实验值如表 4.7 所示,并将表中的数据输入自然对数坐标轴中,激光能量密度分别与烧蚀凹坑直径的平方和烧蚀凹坑深度呈线性变化。

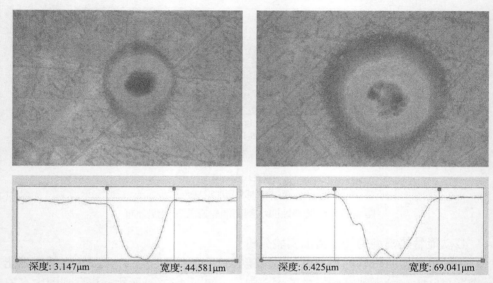

(a) 能量密度为1.04J/cm²时   (b) 能量密度为5.25J/cm²时

图 4.38   在低激光能量密度和高激光能量密度下的三维超景深显微镜图像

表 4.7   齿轮材料 18Cr2Ni4WA 烧蚀凹坑直径与烧蚀凹坑深度的预测值和实验值

激光功率 P/W	激光能量 F/μJ	能量密度 I_0/(J/cm²)	烧蚀凹坑直径 D/μm		烧蚀凹坑深度 H/μm	
			预测值	实验值	预测值	实验值
1.3	13	1.04	46.52	44.581	3.28	3.147
2.2	22	1.75	51.08	50.027	3.98	4.461
4.9	49	3.90	63.86	63.001	4.98	4.228
5.8	58	4.62	67.1	67.564	5.12	5.306
6.6	66	5.25	68.02	69.041	5.17	6.425

根据式(4.9)烧蚀凹坑直径的平方与光斑中心能量密度在自然对数坐标轴中成正比例关系。因此,烧蚀阈值(F_{th})由图 4.39(a)中绘制的仿真结果和实验结果确定,方法是延伸圆圈虚线和方块实线与 x 轴相交,交点为开始烧蚀过程所需的最小激光能量密度,并且该最小激光通量称为烧蚀阈值。延伸图 4.39(a)中圆圈虚线和方块实线与 x 轴相交分别为 0.26J/cm² 和 0.29J/cm²,将其分别作为基于仿真研究和实验所得的烧蚀凹坑直径的烧蚀阈值。根据图 4.39(b)也可以预测烧蚀阈值,图中虚线和实线与 x 轴相交分别为 0.07J/cm² 和 0.11J/cm²,将其分别作为基于仿真研

究和实验所得的烧蚀凹坑深度的烧蚀阈值。

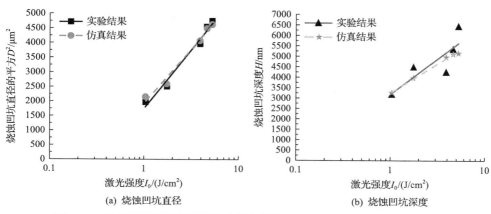

(a) 烧蚀凹坑直径　　　　　　　(b) 烧蚀凹坑深度

图 4.39　轴对称模型的烧蚀凹坑直径和烧蚀凹坑深度仿真值与实验值比较

在飞秒激光加工面齿轮后，使用粗糙度测量仪对不同激光能量下的齿面粗糙度进行测量，测量区域主要有烧蚀凹坑直径范围及其热影响区，测量结果如图 4.40 所示，粗糙度测量仪测量时扫描速度 V_t 为 0.5mm/s，图中横坐标为测量导线长度 L_t，纵坐标为齿面粗糙度 R_a。图 4.40(a) 显示，无激光能量作用(0J/cm²)下测得的齿面粗糙度平均值为 0.391μm；图 4.40(b) 显示，激光能量密度为 1.04J/cm² 作用下测得的齿面粗糙度平均值为 0.320μm；图 4.40(c) 显示，激光能量密度为 1.75J/cm² 作用下测得的齿面粗糙度平均值为 0.254μm；图 4.40(d) 显示，激光能量密度为 3.90J/cm² 作用下测得的齿面粗糙度平均值为 0.389μm。对于图 4.40(b)～(d)，面齿轮齿面的

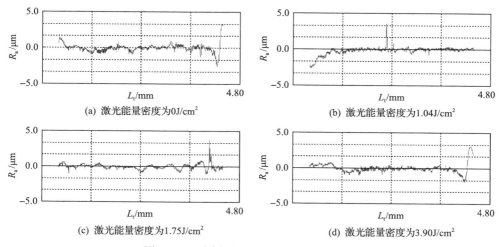

(a) 激光能量密度为0J/cm²　　　　　　　　(b) 激光能量密度为1.04J/cm²

(c) 激光能量密度为1.75J/cm²　　　　　　　　(d) 激光能量密度为3.90J/cm²

图 4.40　不同激光能量密度下齿面粗糙度

晶格温度均超过了材料的汽化温度，齿面烧蚀坑底与坑口附近的熔融沉积物比较少，但随着激光能量密度的增大，面齿轮烧蚀坑口的粗糙度变大，说明加工面齿轮时激光能量密度不是越大越好，而是在刚达到面齿轮烧蚀阈值时，面齿轮齿面能够保持较好粗糙度[67]。

2. 飞秒激光精修三温传热模型与实验分析

1) 飞秒激光精修三温传热模型

根据多脉冲能量串行耦合效应(图 4.20)，激光束通过聚焦透镜聚焦后辐射到材料的表面，而脉冲能量在材料表面分布是不均匀的，在空间域和时间域均为高斯分布的激光能量密度 $I(r, t)$ [68]为

$$I(r,t) = \frac{2E}{\pi\omega_0^2} \exp\left[-4\ln 2\left(\frac{t}{\tau_{\text{p}}} - 1\right)^2\right] \exp\left[-2\left(\frac{r}{\omega_0}\right)^2\right] \tag{4.39}$$

式中，E 为脉冲能量；τ_{p} 为脉宽；ω_0 为激光焦平面处的光束半径。

在飞秒激光烧蚀过程中，激光能量最初被电子系统通过光子-电子相互作用吸收，然后热量通过电子-声子碰撞转移到晶格，最后晶格与晶格之间碰撞达到平衡状态。根据傅里叶定律，可以得到电子系统、高温晶格系统和低温晶格系统的方程如下[68]：

$$C_{\text{e}} \frac{\partial T_{\text{e}}}{\partial t} = \nabla\left[k_{\text{e}}\nabla(T_{\text{e}})\right] - G(T_{\text{e}} - T_1) + S(r, z, t) \tag{4.40}$$

$$C_1 \frac{\partial T_1}{\partial t} = \nabla\left[k_{\text{e}}\nabla(T_1)\right] + G(T_{\text{e}} - T_1) - g(T_1 - T_{\text{s}}) \tag{4.41}$$

$$C_{\text{s}} \frac{\partial T_{\text{s}}}{\partial t} = \nabla\left[k_{\text{e}}\nabla(T_{\text{s}})\right] + g(T_1 - T_{\text{s}}) \tag{4.42}$$

式中，C_{e}、C_1 分别为电子热容、晶格热容；k_{e} 为电子热导率；$S(r,z,t)$ 为吸收的激光热源；T_{e} 和 T_1 分别为电子温度和晶格温度；C_{s} 为低温晶格热容；G 为电子-晶格耦合系数；g 为晶格-晶格耦合系数。

采用高斯型脉冲激光，激光热源项的表达式为

$$S(r, z, t) = (1 - R)\frac{I(r, t)}{\tau_{\text{p}}}\alpha_{\text{b}}\exp(-\alpha_{\text{b}}z) \tag{4.43}$$

式中，R 为材料的反射率；α_{b} 为材料的吸收系数；t 为时间；z 为几何模型中任意位置到顶面的穿透深度。

根据 Chen 等的研究结果，电子热容 C_e 可近似为

$$C_e = \begin{cases} B_e T_e, & T_e < T_f / \pi^2 \\ 2B_e T_e / 3 + C_e' / 3, & T_f / \pi^2 \leqslant T_e < 3T_f / \pi^2 \\ Nk_B + C_e' / 3, & 3T_f / \pi^2 \leqslant T_e < T_f \\ 3Nk_B / 2, & T_e \geqslant T_f \end{cases} \tag{4.44}$$

式中，

$$C_e' = \frac{B_e T_f}{\pi^2} + \frac{3Nk_B / 2 - B_e T_f / \pi^2}{T_f - T_f / \pi^2} \left(T_e - \frac{T_f}{\pi^2} \right) \tag{4.45}$$

当电子温度 T_e 小于费米温度 T_f 时，电子热导率可近似为

$$k_e = k_0 \frac{T_e}{T_1} \tag{4.46}$$

式中，k_0 为室温下的电子热导率。

当电子温度 T_e 超过费米温度 T_f 时，应使用以下公式计算[66]：

$$k_e = k \frac{\left(\theta_e^2 + 0.16 \right)^{1.25} \left(\theta_e^2 + 0.44 \right) \theta_e}{\left(\theta_e^2 + 0.092 \right)^{0.5} \left(\theta_e^2 + \beta \theta_1 \right)} \tag{4.47}$$

式中，k 和 β 为常数；$\theta_e = T_e / T_f$；$\theta_1 = T_1 / T_f$；T_e 为电子温度；T_1 为晶格温度；T_f 为费米温度。

面齿轮材料 18Cr2Ni4WA 的晶格热容和晶格热导率可近似为

$$C_1 = 472 + 13.6 \times 10^{-2} T_1 - \frac{2.82 \times 10^6}{T_1^2} \tag{4.48}$$

$$k_1 = 9.2 + \frac{0.0175}{T_1^2} \times \frac{T_1^2}{10} \tag{4.49}$$

2）相邻扫描路径间横向位移距离的计算

激光束的辐照强度具有高斯分布，因此激光束上的强度为[68]

$$F(r) = F_0 e^{-\frac{2r^2}{\omega_0^2}} \tag{4.50}$$

式中，F_0 为光束中心的能量密度；r 为距光束传播轴距离的径向坐标。

考虑峰值功率强度恒定的多线扫描的横向位移方向（x 方向），激光累积强度 $I_{sum}(x)$ 为

$$I_{sum}(x) = I_0 \sum_{i=0}^{M-1} e^{-2\frac{(x-i\times\Delta x)^2}{\omega_0^2}} \tag{4.51}$$

式中，M 为加工区域中激光扫描路径的数量。

为计算凹坑的累积强度，考虑前两个相邻的激光扫描路径，取 $M=2$ 和 $x=\Delta x/2$，代入式(4.51)，得凹坑的累积强度 I_{accum} 为

$$I_{accum} = 2I_0 e^{-\frac{(\Delta x)^2}{2\omega_0^2}} \tag{4.52}$$

图 4.41 为激光扫描过程示意图，Δx 为两个相邻横向扫描路径之间的扫描间距，激光束以正入射并聚焦在面齿轮齿面，计算焦点半径 ω_0 约为 20μm。

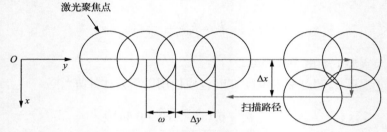

图 4.41　激光扫描过程示意图

两个相邻激光聚焦点(两个相邻激光脉冲)之间的距离 Δy 为

$$\Delta y = s_y / f \tag{4.53}$$

式中，s_y 为 y 方向的扫描速度，mm/s；f 为激光重复频率，kHz。

3）三温传热模型的数值仿真

飞秒激光精修传热模型中使用的材料热物理性能和激光参数分别如表 4.8 和表 4.9 所示。

表 4.8　材料热物理性能(飞秒激光精修传热模型)

名称	数值	名称	数值
晶格热容 C_s /[J/(m³·K)]	4×10^6	密度 ρ/(kg/m³)	7800
电子-晶格耦合系数 G/[W/(m³·K)]	1.3×10^{18}	费米温度 T_f/K	1.28×10^5
晶格-晶格耦合系数 g/[W/(m³·K)]	3×10^{18}	熔化温度 T_m/K	1724
反射率 R	0.64	汽化温度 T_v/K	3023
吸收系数 b/m⁻¹	4.97×10^7	蒸发热 Ω_{vap}/(J/g)	6288

表 4.9　激光参数(飞秒激光精修传热模型)

名称	数值	名称	数值
入射激光能量 $E/\mu J$	81.31, 52.28	脉宽 τ_p/fs	800
激光能量密度 $F_0/(J/cm^2)$	6.47, 4.16	波长 λ_0/nm	1030
扫描间距 $\Delta x/\mu m$	25, 30, 35, 40, 45, 50	激光光斑半径 $\omega_0/\mu m$	20
重复频率 f/kHz	200	扫描速度 $s_y/(mm/s)$	100

采用基于后向微分公式(backward differentiation formula，BDF)算法的隐式解算器，对三温方程的时变控制方程组进行数值求解。图 4.42 为激光能量密度 $6.47J/cm^2$ 和 $4.16J/cm^2$、脉宽 800fs、激光光斑半径 $20\mu m$ 时，齿轮表面的电子-晶格-晶格在持续 50ps 内的温度演变过程。电子能量吸收时间标度为飞秒量级，因此当激光能量沉积时，电子被加热，电子温度(图 4.42 中实心正方形点划线)急剧升高，且在温度为 45000K 时达到峰值，远大于晶格温度，电子温度和晶格温度在 32ps 后达到平衡。图 4.42 表明，随着激光能量密度的增大，电子温度上升的速度加快，其最大值也增大，同时电子系统与晶格系统趋于平衡后，其平衡温度也升高，达到平衡态需要的弛豫时间也变得更长。在进行 800fs 脉冲持续时间和 $20\mu m$ 激光光斑半径的仿真研究时，使用 $6.47J/cm^2$ 和 $4.16J/cm^2$ 的激光能量密度。

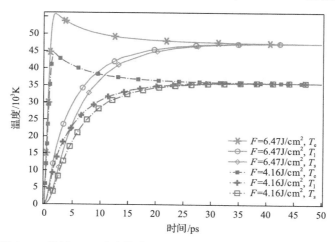

图 4.42　持续 50ps 内齿轮表面的电子-晶格-晶格的温度演变过程

当激光作用了 30 脉冲后，齿轮材料表面多脉冲能量串行耦合效应的平衡温度基本保持不变，如图 4.43 所示。材料表面的最高温度随脉冲的作用反复升温、降温，但平衡温度维持不变。在此条件下，能量累积作用不会使材料表面持续升温，而是达到一个平衡温度，多脉冲能量串行耦合效应的平衡温度随激光能量密度的变化而变化。在较低的激光能量密度下，能量累积热效应较小，平衡温度较低。

在激光能量密度为 4.16J/cm² 的条件下，平衡温度为 2000K 左右。随着能量密度的增大，材料表面最高温度的平衡温度也增大。激光能量密度为 6.47J/cm² 的条件下，平衡温度约为 3200K，超过面齿轮材料的熔化温度，热累积效应明显。由此可见，激光能量密度对能量累积效应的平衡温度影响较大[68]。

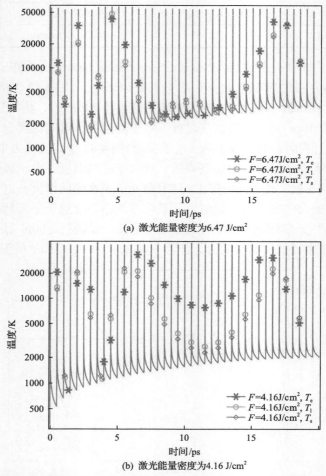

(a) 激光能量密度为6.47 J/cm²

(b) 激光能量密度为4.16 J/cm²

图 4.43　不同激光能量密度下齿轮表面的电子-高温晶格-低温晶格的能量累积模拟

　　图 4.44(a) 为三条扫描路径的恒定扫描间距分别为 Δx=25μm、30μm、35μm 时激光累积强度分布，其中 F_0=6.47J/cm²，ω_0=20μm，此处，F_0 和 Δx 是影响激光横向累积强度的主要因素。图 4.44(b) 为激光能量密度为 F_0=4.16J/cm²，Δx=25μm、30μm、35μm 时的激光累积强度分布，且表示激光累积强度产生的累积轮廓。图中实心正方形表示激光累积强度，它是控制后期扫描间距 Δx 的凹坑剖面烧蚀凹坑深度的关键参数。

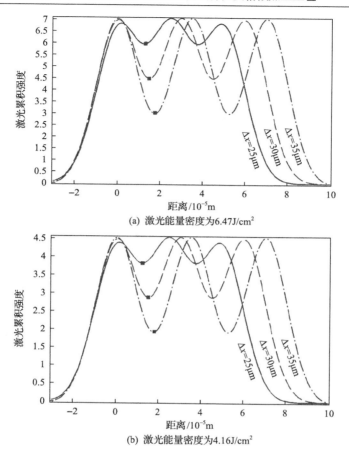

(a) 激光能量密度为6.47J/cm²

(b) 激光能量密度为4.16J/cm²

图 4.44　三个扫描路径(恒定扫描间距为 Δx=25μm、30μm 和 35μm)的激光累积强度分布

扫描间距为 Δx=25μm、30μm、35μm 时，给定 F_0=6.47J/cm²、4.16J/cm²，代入式(4.52)，累积强度 I_{accum} 的计算结果如表 4.10 所示，与图 4.44 所示的数值结果相近，即实心正方形对应的值。

表 4.10　累积强度 I_{accum} 的计算结果

扫描间距 Δx/μm	$I_{accum}/(\mathrm{J/cm^2})$	
	激光能量密度 F_0=6.47J/cm²	激光能量密度 F_0=4.16J/cm²
25	5.92	3.81
30	4.2	2.7
35	2.79	1.8

4)三温传热模型的实验分析

对于通过多线烧蚀工艺形成的区域，除了激光能量密度和扫描速度，扫描间

距 Δx 也是影响齿面结构轮廓和齿面粗糙度的一个重要参数。在 4.16J/cm^2 的激光能量密度下，以 100mm/s 的扫描速度和不同的扫描间距 Δx 加工了 12 个的矩形凹槽（500μm×100μm），如图 4.45 所示。

(a) Δx=40μm　　　　　　　　　　　(b) Δx=35μm

(c) Δx=30μm　　　　　　　　　　　(d) Δx=25μm

图 4.45　激光能量密度为 4.16J/cm^2 时不同 Δx 对应的局部区域显微形貌图

　　由图 4.45 显示的 Δx=40μm、35μm、30μm 和 25μm 时矩形凹槽部分区域的扫描电镜图像可知，烧蚀区域表面形貌随着 Δx 的变化而变化。当 Δx 减小时，齿面粗糙度降低。金属表面是用高斯光束加工的，因此槽的横截面呈抛物线状（图 4.45（b））。因此，较大的扫描间距 Δx 导致烧蚀区域的残余材料和齿面粗糙度增大。由于扫描间距 Δx 大于烧蚀线宽，在两个相邻扫描路径之间会有非烧蚀材料，一些熔融材料在烧蚀线边缘凝固，在非烧蚀区域形成重铸层[68]。

　　图 4.46 为激光能量密度为 4.16J/cm^2 时，不同 Δx 对应的烧蚀凹坑深度剖面图（通过共焦显微镜数据测量）。实验结果表明，当 Δx=45μm 和 50μm 时，残余材料高度大于材料的原始表面。当 Δx=50μm 时，由于烧蚀材料的再沉积或烧蚀过程中形成重铸层，未烧蚀区域的高度高于理想情况。当 Δx 减小到 40μm 时，逐渐形成一个弹坑轮廓。Δx=25μm、30μm 和 35μm 的弹坑剖面宽度与设计值相似，即 500μm。弹坑剖面深度随着 Δx 的减小而增加。同时，对比图 4.46 和图 4.47 中 Δx=25μm、

30μm 和 35μm 的烧蚀凹坑深度剖面图发现，在相同的 Δx 下，随着激光能量密度的增大，烧蚀凹坑深度增加。

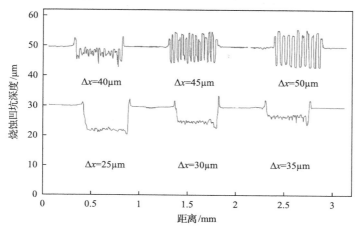

图 4.46　激光能量密度为 4.16J/cm² 时不同 Δx 对应的烧蚀凹坑深度剖面图

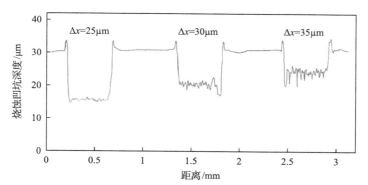

图 4.47　激光能量密度为 6.47J/cm² 时不同 Δx 对应的烧蚀凹坑深度剖面图

对于给定 I_{accum}，扫描间距 Δx 可以表示为

$$\Delta x = \sqrt{2}\omega_0 \left[\ln\left(2F_0 / I_{accum} \right) \right]^{\frac{1}{2}} \tag{4.54}$$

图 4.48 为激光能量密度为 6.47J/cm² 和 4.16J/cm² 时，在不同激光累积强度 I_{accum}（对应 Δx=25μm、30μm 和 35μm）下的烧蚀凹坑深度。当 H=2.3957I_{accum}+0.3238，激光能量密度为 6.47J/cm² 时，凹坑累积强度与烧蚀凹坑深度拟合线性方程的准确度为 0.9983；当 H=1.4802I_{accum}+2.4665，激光能量密度为 4.16J/cm² 时，凹坑累积强度与烧蚀凹坑深度拟合线性方程的准确度为 0.9813。研究发现，在相同的激光功率下，弹坑轮廓的烧蚀凹坑深度随 I_{accum} 的增加而线性增加。换言之，给定所需

的烧蚀凹坑深度和激光参数，可以通过实验测量确定面齿轮齿面均匀轮廓区域结构所需的扫描间距。例如，当加工所需的烧蚀凹坑深度为 8μm 时，在激光能量密度为 6.47J/cm² 的情况下，根据拟合方程，即 $H=2.3957I_{accum}+0.3238$，计算出凹坑累积强度为 3.2042，代入式 (4.54)，得到后一位移距离为 33.42μm。

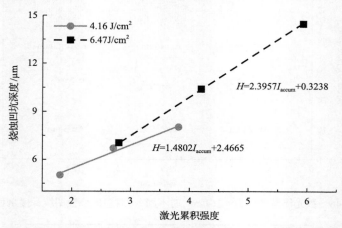

图 4.48　激光能量密度为 6.47J/cm² 和 4.16J/cm² 时不同激光累积强度下的烧蚀凹坑深度

4.4.3　等离子体冲击波效应模型与实验分析

1. 等离子体冲击波的形成与传播过程

飞秒激光精微加工面齿轮时，材料吸收能量由液气态向等离子体态转变，等离子体产生机制主要分为光电离、热电离以及碰撞电离。激光照射在面齿轮齿面上，材料内的电子吸收大量能量。金属对光波的吸收作用是强吸收，在 $10^{-11}\sim10^{-10}$ s 被强烈地吸收，过大的能量吸收导致电子发生跃迁，从而形成等离子体云。等离子体云继续吸收能量，到达阈值后发生剧烈膨胀形成等离子体冲击波，等离子体冲击波传播的高压导致熔化的材料一部分被排出凹坑，残留的材料受到冲击作用回落在烧蚀坑壁形成凸起，同时凹坑底部在冲击波作用下保持较为平整光滑的状态。进一步来讲，冲击波的扩散过程中，其本身的热量非常高，对一些材料能够产生再烧蚀影响，激光的能量密度越大，热影响区域越大，材料周围受到热损伤的程度也随之加深[69]，等离子体冲击波的形成与传播过程如图 4.49 所示。

2. 等离子体冲击波效应模型与仿真

设激光在空气中作用在材料表面的脉宽为 τ，当激光作用在材料上的时间 $t\leqslant\tau$ 时，等离子体处于等温膨胀；当激光作用在材料上的时间 $t>\tau$ 时，等离

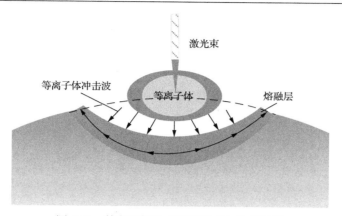

图 4.49　等离子体冲击波的形成与传播过程

子体处于绝热膨胀[70]。假设等离子体的空间浓度 $n(x,y,z,t)$ 在 y 方向与 z 方向服从高斯分布，在 x 方向服从泊松分布，则等离子体密度沿 x 方向上的变化率与密度成正比例关系。根据以上分析得到等离子体的空间浓度方程[69]为

$$\frac{\partial n}{\partial t} = X(t)\frac{\partial n}{\partial t} + Y(t)\frac{\partial^2 n}{\partial y^2} + Z(t)\frac{\partial^2 n}{\partial z^2} \tag{4.55}$$

根据式 (4.55) 可得满足该形式的等离子体浓度为

$$n(x,y,z,t) = C\,Nts_1 \exp\left[-\frac{x}{X(t)} - \frac{y^2}{Y(t)} - \frac{z^2}{Z(t)}\right], \quad t \leqslant \tau \tag{4.56}$$

式中，C 为归一化系数；s_1 为激光束斑的面积，m^2。

由式 (4.56) 可得到在 t 时刻等离子体的空间尺寸，由此判断等离子体的膨胀过程。

根据 Sedov-Taylor 的瞬间点爆炸理论和维度分析法，得到等离子体冲击波的波阵面坐标方程[69]为

$$r = \left(\frac{E_0}{\rho_0}\right)^{\frac{1}{2+v}} \frac{t}{2+v}\beta \tag{4.57}$$

式中，r 为冲击波的波阵面坐标；ρ_0 为周围空气气氛的密度；E_0 为爆炸释放到冲击波的总能量；β 为与具体冲击波有关的一个非零常数；v 为与冲击波维度有关的常数，冲击波为球对称波，即 $v=3$。

飞秒激光烧蚀面齿轮产生等离子体的第一阶段中，当 $t=\tau$ 时，冲击波波前位置 R_0 为

$$R_0 = r(\tau) = A_0 \tau^{\frac{2}{2+v}} \left(\alpha E_0 \right)^{\frac{1}{2+v}} \tag{4.58}$$

式中，A_0 为与飞秒激光及靶材有关的常数，$A_0 = \rho_0^{\frac{-1}{2+v}} \beta$。

等离子体冲击波在该时刻的速度为 $r(\tau)$，其等于冲击波的最大马赫数 $Ma_{\max}$ 与空气中声速 c 的乘积。由式 (4.56) 可得

$$Ma_{\max} = \alpha \left(\frac{Q}{R_0^3 c^2 \rho_0} \right)^{\frac{1}{5}} + 1 \tag{4.59}$$

式中，α 为气质常量。

由式 (4.57) 和式 (4.59) 可得，飞秒激光脉宽与等离子体冲击波初始马赫数仿真结果如图 4.50 所示。由图可知，随着脉宽的增大，等离子体冲击波的初始马赫数逐渐减小。

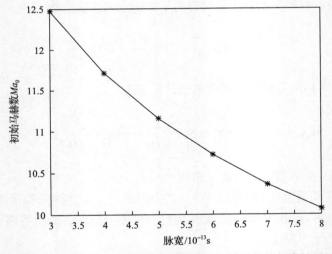

图 4.50　飞秒激光脉宽与等离子体冲击波初始马赫数仿真结果图

等离子体冲击波在空气中的传播方程为

$$t = \left(\frac{2}{5c} \right)^{\frac{5}{3}} \left(\frac{Q}{\alpha \rho_0} \right)^{\frac{1}{3}} Ma^{-\frac{5}{3}} \left(1 + \beta Ma^{-2} \right) \tag{4.60}$$

$$R(t) = Ma_{\max} ct \left\{ 1 - \left(1 - \frac{1}{Ma_{\max}} \right) \exp\left[-\alpha \left(\frac{R_0}{ct} \right)^{\frac{3}{5}} \right] \right\} + R_0 \tag{4.61}$$

$$\frac{\mathrm{d}R}{\mathrm{d}t} = U(t) = Ma_{\max}c\left\{1 - \left(1 - \frac{1}{Ma_{\max}}\right)\exp\left[-\alpha\left(\frac{R_0}{ct}\right)^{\frac{3}{5}}\right]\left[1 + \frac{3}{5}\alpha\left(\frac{R_0}{ct}\right)^{\frac{3}{5}}\right]\right\} \quad (4.62)$$

式中，Q 为激光能量；$R(t)$ 为等离体子冲击波的传播半径；t 为传播时间；U 为波前传输速度。

由式 (4.60)~式 (4.62) 可得，在空气中传播的等离子体冲击波压强 P 为

$$P = \frac{2}{\gamma+1}\rho_0 U^2\left(1 - \frac{\gamma-1}{2\gamma}Ma^{-2}\right) \quad (4.63)$$

使用表 4.11 中的仿真参数，对在空气中传播的等离子体冲击波压强用 MATLAB 对式 (4.63) 进行仿真，得到的等离子体冲击波压强 P 随传播半径 R 的变化规律如图 4.51 所示。

表 4.11　仿真参数

气体密度 $\rho_0/(\mathrm{kg/m^3})$	空气的绝热常数 γ	气体有关常数 α	空气中声速 $c/(\mathrm{m/s})$	激光能量 Q/J	冲击波常量 β	普适气体常量 $R_G/[\mathrm{J/(mol \cdot K)}]$
1.3	1.4	0.8	340	0.6	3	8.4

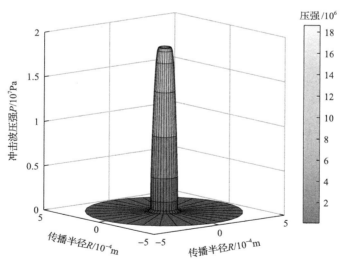

图 4.51　等离子体冲击波压强随传播半径的变化规律

由图 4.51 可知，等离子体冲击波在空气中的传播过程非常剧烈，在最开始的中心爆炸点快速膨胀，随着传播路径的加大，其最终与周围空气介质达到平衡。等离子体冲击波在空气中传播时，初始压强达到 $10^7\mathrm{Pa}$，该压强下的等效力远大于排出液态材料的力，由于等离子体冲击波压强的存在，当金属材料因吸收能量发

生液化及汽化时，等离子体冲击波传播会带走该部分被汽化、液化的材料。随着传播距离的增大，压强逐渐减小，此时的等效力荷只能起到扰动作用，一部分液态材料受到力的作用后落在烧蚀坑壁形成重铸层，另一部分材料落在烧蚀凹坑底部，受到冲击波作用形成细密的熔融层。

　　飞秒激光精微加工面齿轮时产生的等离子体冲击波，在空气中的传播过程分为两个阶段。第一个阶段为等离子体冲击波的产生阶段，脉宽为 τ 的飞秒激光烧蚀金属表面时，金属吸收能量在进行能量累积的时间 t 过程中，当 $t \leqslant \tau$ 时，金属表面会产生瞬间的高温高压状态，形成等离子体，等离子体迅速膨胀形成冲击波，冲击波在传播过程中持续吸收激光能量，波前速度也随之加大；当 $t=\tau$ 时，激光束关闭，作用在材料表面的能量在累积效应的影响下冲击波的传播压强达到最大值。第二阶段，当 $t \geqslant \tau$ 时，激光束不再作用于靶材冲击波，冲击波依然在传播，但是传播速度不断减小，最终冲击波压强与周围空气达到平衡[69]。

　　飞秒激光作用于面齿轮上时，激光束提供的能量主要被材料吸收来达到烧蚀阈值，等离子体冲击波的产生与传播会吸收激光能量，在等离子体形成后激光束继续作用于材料表面时，一部分激光能量会发生反射。由于等离子体的电子密度分布为非均匀状态，激光在等离子体中的传播光路如图 4.52 所示。图中，xOy 平面为激光入射方向与等离子体电子梯度方向组成的平面，$x=0$ 为临界面，θ 为激光的入射角，激光只能在第二象限、第三象限传播。

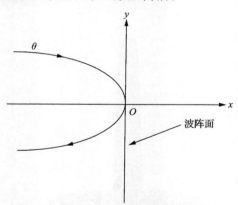

图 4.52　激光在等离子体中的传播光路图

　　等离子体在传播过程中会产生能量的衰减与吸收，通过多种机制对作用在金属表面的激光束能量进行吸收。激光能量吸收的过程会增大等离子体的电离程度与自身温度。飞秒激光烧蚀金属产生的等离子体冲击波的波阵面温度 T 随时间的变化关系式可表示为[69]

$$T = \frac{PR_{\mathrm{G}}}{\rho_1} \tag{4.64}$$

$$\frac{\rho_1}{\rho_0} = \frac{\gamma+1}{\gamma-1+2Ma^{-2}} \tag{4.65}$$

结合式(4.64)和式(4.65)可得波阵面的方程为

$$T = \frac{2U^2\left(1-\dfrac{\gamma-1}{2\gamma}Ma^{-2}\right)\left(\dfrac{\gamma-1+2Ma^{-2}}{\gamma+1}\right)}{(\gamma+1)^2}R_G \tag{4.66}$$

式中，R_G 为普适气体常量。

　　使用表 4.11 中的仿真参数对式(4.66)进行仿真，得到等离子体冲击波的波阵面温度随传播半径的变化规律如图 4.53 所示。当等离子体冲击波传播半径初始变化时，温度基本保持不变，当传播半径大于 0.5mm 时，温度最终降为 0K。由图 4.53 可知，等离子体冲击波的初始温度达到 10^7K，而面齿轮材料的汽化温度为 3023K，等离子体冲击波在传播过程中到达烧蚀凹坑边缘时的温度足够对凹坑周围材料造成二次烧蚀。等离子体冲击波在初始传播过程中，其波阵面温度极高且大约保持定值，等离子体持续吸收激光能量使其保持动态平衡。随着传播半径的增大，当激光能量不再提供，则平衡打破，等离子体冲击波的波阵面温度迅速下降到 0K。

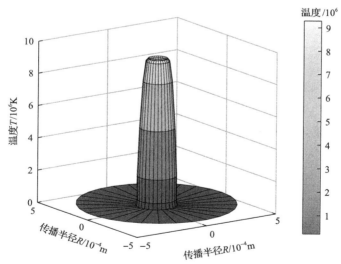

图 4.53　等离子体冲击波的波阵面温度随传播半径的变化规律

3. 等离子体冲击波效应的实验分析

1)等离子体冲击波效应实验条件
设计的实验激光参数如表 4.12 所示，分别采用 300fs、500fs、800fs 脉宽的激光对面齿轮进行打孔,加工时焦距的大小分别以 0.5mm 变化向上调节,离焦量的改变以正离焦作为变化参数,离焦量的变化会影响激光的烧蚀能量,焦点所在位置的功率密度较大,负离焦导致烧蚀过程中熔化层持续向下,冲击波传播过程带来的影响会因为烧蚀凹坑深度的增大而影响加工后的观测精度[69]。

表 4.12　实验激光参数

波长 λ_0/nm	频率 f_n/kHz	脉宽 τ_p/fs	光斑半径 ω_0/μm	功率 P/W	脉冲数 N
1030	500	300、500、800	20	76~150	1~5000

加工完成后,采用基恩士 VK-X260K 系列的三维超景深显微镜对烧蚀的表面形貌、凹坑全貌以及凹坑深度、凹坑直径进行检测,将检测结果与仿真结果进行对比验证,分析等离子体冲击波在飞秒激光加工面齿轮过程中所产生的影响,研究等离子体冲击波在加工过程中对材料的影响参数,优化加工。该显微镜最大放大倍数为28000,烧蚀后的凹坑大小在 50μm 左右,放大倍数采用 2800 进行检测。

2) 等离子体冲击波效应实验结果分析

设置脉宽为 800fs,重复频率为 100kHz,激光功率为 1.7W、2.2W、2.7W、4W、5W、6W,换算为激光能量烧蚀进行单脉冲烧蚀实验,实验结果如图 4.54所示。当飞秒激光能量在 15~25μJ 时,由于飞秒激光的超短脉宽,加工过程的等离子体冲击波迅速排出凹坑内的液态材料,凹坑壁保持较光滑状态,整个凹坑内壁无残留的凸起物。当激光能量增加至 40~60μJ 时,能量增大导致此时凹坑深度增加,熔融的液态材料较多。等离子体冲击波排出一部分材料,未排出的材料回落在凹坑内,烧蚀坑壁上形成高低不平的峰谷。这是由于受到等离子体冲击波的反冲压力,烧蚀凹坑底部形成细密蜂窝状;同时随着激光能量的增加,等离子体冲击波的温度进一步升高,在传播过程中烧蚀凹坑底部周围边缘对材料造成的热损伤范围随着激光能量的增加而增大[69]。

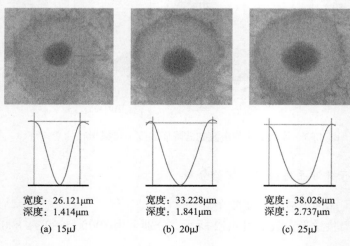

宽度: 26.121μm　　　　宽度: 33.228μm　　　　宽度: 38.028μm
深度: 1.414μm　　　　　深度: 1.841μm　　　　　深度: 2.737μm

(a) 15μJ　　　　　　　　(b) 20μJ　　　　　　　　(c) 25μJ

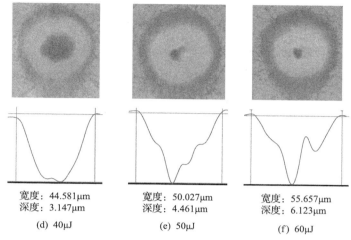

|宽度：44.581μm
深度：3.147μm|宽度：50.027μm
深度：4.461μm|宽度：55.657μm
深度：6.123μm|
|(d) 40μJ|(e) 50μJ|(f) 60μJ|

图 4.54　变能量烧蚀凹坑形貌与尺寸图

选用激光功率为 1.7W、2.2W、2.7W 的飞秒激光，其他参数不变，改变飞秒激光的脉宽为 300fs、500fs，烧蚀面齿轮。由图 4.55 可知，当脉宽为 300fs、激光

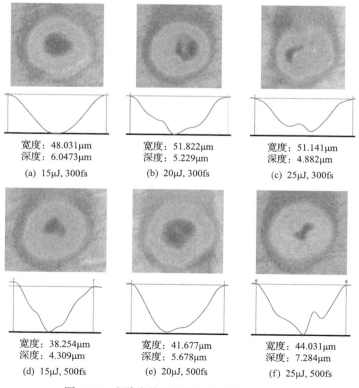

图 4.55　变脉宽烧蚀下的凹坑形貌与尺寸图

能量为 15μJ 时，烧蚀坑壁光滑无波峰，整个凹坑形状比较有规则。随着激光能量的增加，凹坑的形貌逐渐出现峰谷，且凹坑的深度逐渐降低，凹坑的半径在激光能量为 20μJ 与 25μJ 时，凹坑宽度几乎保持不变。由仿真结果可得，等离子体冲击波在传播过程最初时刻，冲击波温度保持恒定。当激光能量过大，熔化的液态材料多时，冲击波的排出能力降低，液态材料在加工结束后留在凹坑内导致烧蚀效果减弱，且此时等离子体密度增大，向外膨胀时吸收激光束能量，阻止一部分激光出现在材料表面，形成了等离子体屏蔽现象。当脉宽为 500fs、激光能量为 15μJ 时，烧蚀坑壁上出现一些波峰，且随着能量的增加，波峰变得明显。根据仿真结果，飞秒激光的脉宽越短，等离子体冲击波的初始马赫数越大，冲击波的排出能力也越强。

4.5　面齿轮飞秒激光精修工艺参数优化

4.5.1　飞秒激光精修工艺参数的单因素实验分析

1. 实验条件

实验采用飞秒激光精微加工系统（图 4.3），精微加工结束后选用数字三维视频显微镜（HIROX KH-7700）（图 4.8），首先按照能量密度由低到高依次对烧蚀线和烧蚀面进行图像采集，使用软件合成烧蚀线和烧蚀面的形貌图，然后测量烧蚀凹坑深度和烧蚀凹坑直径[65]，最后采用粗糙度测量仪（Hommel Werke T8000）检测齿面粗糙度。

2. 实验方案

采取单因素实验分析方法，根据多因素多水平正交实验结果分析各因素对烧蚀凹坑深度、齿面粗糙度和齿面误差的影响程度，并得到精修工艺参数优化方案，具体实验方案如图 4.56 所示[71]。

3. 单因素实验结果

飞秒激光精修面齿轮实验是一种多脉冲激光加工，扫描路径采取直角 S 形扫线方式，以充分研究扫描速度和扫描道间距的影响，具体烧蚀路径如图 4.57 所示。

根据实验数据，确定合适的工艺参数范围。在脉宽为恒定 828fs 的基础上，激光功率取 1.5～4W，重复频率取 200～500kHz，扫描速度取 50～130mm/s，扫描道间距取 5～20μm，离焦量取–0.2～0.2mm，飞秒激光精修面齿轮材料 18Cr2Ni4WA 的单因素实验结果如表 4.13 所示。

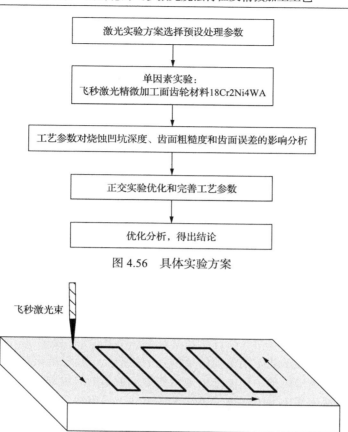

图 4.56　具体实验方案

图 4.57　具体烧蚀路径

表 4.13　飞秒激光精修面齿轮材料 18Cr2Ni4WA 的单因素实验结果

序号	功率 /W	频率 /kHz	扫描速度 /(mm/s)	扫描道间距 /μm	离焦量 /mm	烧蚀凹坑深度 /μm	齿面粗糙度 /μm
1	1.5	100	120	10	0	2.835	0.185
2	2	100	120	10	0	4.362	0.243
3	3	100	120	10	0	5.868	0.328
4	4	100	120	10	0	6.175	0.369
5	1.5	200	120	10	0	3.127	0.191
6	1.5	300	120	10	0	3.476	0.229
7	1.5	400	120	10	0	4.183	0.277
8	1.5	500	120	10	0	4.590	0.362
9	1.5	100	50	10	0	5.782	0.295
10	1.5	100	80	10	0	4.069	0.233

序号	功率 /W	频率 /kHz	扫描速度 /(mm/s)	扫描道间距 /μm	离焦量 /mm	烧蚀凹坑深度 /μm	齿面粗糙度 /μm
11	1.5	100	100	10	0	3.726	0.214
12	1.5	100	130	10	0	2.593	0.169
13	1.5	100	120	5	0	4.311	0.177
14	1.5	100	120	15	0	3.180	0.244
15	1.5	100	120	20	0	3.419	0.365
16	1.5	100	120	10	−0.2	2.219	0.235
17	1.5	100	120	10	−0.1	2.313	0.221
18	1.5	100	120	10	0.1	2.181	0.206
19	1.5	100	120	10	0.2	1.850	0.213

4. 单因素实验结果分析

1) 激光功率对面齿轮材料加工形貌特征的影响

在重复频率 100kHz、扫描速度 120mm/s、扫描道间距 10μm、离焦量 0mm 情况下,改变激光功率(1.5～4W)对烧蚀凹坑深度和齿面粗糙度的影响曲线如图 4.58 所示。由图可知,烧蚀凹坑深度随着激光功率的增大而增加。随着激光功率的增大,材料的能量密度降低,当能量密度达到烧蚀阈值时,材料温度达到汽化温度,部分材料被汽化,能量密度降低至烧蚀阈值之下,材料温度低于汽化温度达到熔化温度,材料熔化成液态[53]。由于飞秒激光的高峰值特性,会在烧蚀凹坑底部形成气压差,将液态材料沿烧蚀坑壁排出凹坑[70];功率不断增加导致熔化成液态的材料增多,烧蚀凹坑深度也随之增大。同时,液态材料排出烧蚀凹坑所需

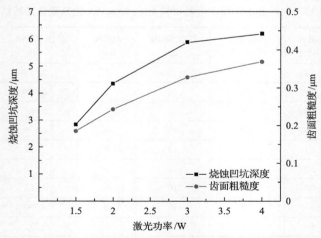

图 4.58　激光功率对烧蚀凹坑深度和齿面粗糙度的影响曲线

的动能也随之增大，部分液态材料会来不及排出，激光功率增大导致能量上升，从而增大烧蚀凹坑深度和齿面粗糙度。综合考虑激光功率对扫描道烧蚀凹坑深度和齿面粗糙度的影响，可选取激光功率为 1.5～3W。

2）激光频率对面齿轮材料加工形貌特征的影响

在激光功率 1.5W、扫描速度 120mm/s、扫描道间距 10μm、离焦量 0mm 的情况下，改变激光重复频率 100～500kHz 对烧蚀凹坑深度和齿面粗糙度的影响曲线如图 4.59 所示。

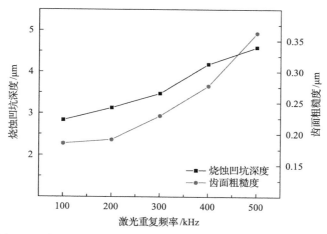

图 4.59　激光重复频率对烧蚀凹坑深度和齿面粗糙度的影响曲线

由图 4.59 可知，烧蚀凹坑深度整体趋势随着激光重复频率的变化而增大，开始增长幅度较小，达到 200kHz 后增长迅速。随着激光重复频率的增加，激光脉冲数增多，产生的能量密度增大，更多的材料因吸收激光的能量而被去除。当激光重复频率达到 400kHz 时，单个脉冲能量减少，部分齿轮材料达到烧蚀阈值，增大能量的损失，材料被去除的程度减缓，因此烧蚀凹坑深度增长变缓，同时激光重复频率的变化也导致材料齿面粗糙度增大。重复频率较小（100～200kHz）时，材料的烧蚀程度较小，所产生的液态熔融物较少，难以去除的液态材料较少，因此齿面粗糙度增长较为缓慢。当激光重复频率达到 200kHz 时，激光脉冲数增多，能量密度变大，随着能量的累积，所产生的熔融物增多，齿面粗糙度增大趋势变得明显。综合考虑激光重复频率对烧蚀凹坑深度和齿面粗糙度的影响，可选取激光重复频率为 250～400kHz。

3）激光扫描速度对面齿轮材料加工形貌特征的影响

在激光功率 1.5W、激光重复频率 100kHz、扫描道间距 10μm、离焦量 0mm 的情况下，改变激光扫描速度（50～130mm/s）对烧蚀凹坑深度和齿面粗糙度的影响曲线如图 4.60 所示。激光功率和激光重复频率固定，使得单个激光脉冲的能量不变。激光扫描速度的持续增大，使得单位时间内激光脉冲数减少，同时光斑重叠率下降导致单位面积上飞秒激光与材料的作用时间减少，材料所能吸收的能量不足，无法得到有效的烧蚀，因此激光扫描速度越快，烧蚀凹坑深度越小。激光扫描速度的增大，使得飞秒激光与材料接触程度降低，激光烧蚀所产生的液态熔融物的排出量降低，其他杂质在高速下更容易远离材料表面，使得光滑程度增大，齿面粗糙度减小，因此飞秒激光扫描速度越大，齿面粗糙度越小。综合考虑激光扫描速度对烧蚀凹坑深度和齿面粗糙度的影响程度，可选取激光扫描速度为 65~80mm/s。

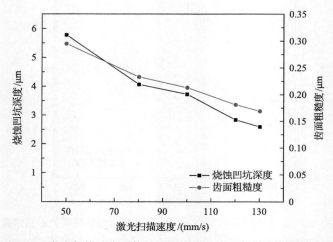

图 4.60　激光扫描速度对烧蚀凹坑深度和齿面粗糙度的影响曲线

4) 激光扫描道间距对面齿轮材料加工形貌特征的影响

在激光功率 1.5W、激光重复频率 100kHz、扫描速度 120mm/s、离焦量 0mm 情况下，改变激光扫描道间距 (5~20μm) 对烧蚀凹坑深度和齿面粗糙度的影响曲线如图 4.61 所示。两个飞秒激光聚焦光斑的中心距称为扫描道间距，相邻两扫描道的激光加工作用会存在交互影响。扫描道间距较小，对激光横向累积强度的影响较大，相应地烧蚀凹坑深度较大，随着扫描道间距的增大，激光累积强度所产生的影响变小，烧蚀凹坑深度较小。扫描道间距持续增大，激光累积强度产生不同的累积轮廓，材料的烧蚀凹坑深度接近于线性增长；当扫描道间距大于烧蚀线宽时，两个扫描道路径之间会产生非烧蚀材料，一些熔融物在线边缘凝固，烧蚀凹坑深度接近于无增长。当扫描道间距增大时，齿面粗糙度增加，由于材料表面使用高斯光束加工，被烧蚀凹坑横截面呈抛物线形状，残余材料的高度会略微高于材料原始表面，从而使得材料熔化所形成的液态熔融物排出不彻底，经快速凝固后导致齿面粗糙度增大。综合考虑扫描道间距对烧蚀凹坑深度和齿面粗糙度的影响程度，可选取扫描道间距为 10~16μm。

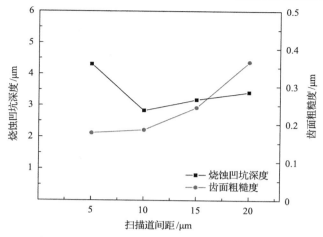

图 4.61　激光扫描道间距对烧蚀凹坑深度和齿面粗糙度的影响曲线

5) 激光离焦量对面齿轮材料加工形貌特征的影响

在激光功率 1.5W、重复频率 100kHz、扫描速度 120mm/s、扫描道间距 10μm 的情况下,改变离焦量(−0.2~0.2mm)对烧蚀凹坑深度和齿面粗糙度的影响曲线如图 4.62 所示。由图可知,正负离焦量的存在都会造成烧蚀凹坑深度的减小。当离焦量为负时,烧蚀焦点处于材料上方,此时的激光束为散焦激光,材料所吸收的能量减少;在加工过程中烧蚀形成的等离子体会引起激光散射,使得激光入射的能量降低,烧蚀凹坑深度减小[53]。材料在烧蚀焦点位置时所接受的能量密度最高,烧蚀凹坑深度最大。当离焦量为正时,烧蚀凹坑深度略小于负离焦量时的烧蚀凹坑深度,加工部位处于光束聚焦后,光束在加工之前已经发生一系列的非线性效应,对能量吸收有一定的削弱,使得正离焦量的烧蚀率低于同

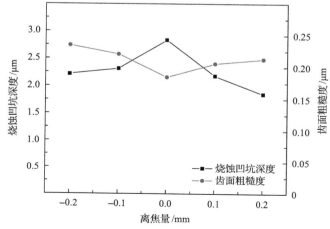

图 4.62　激光离焦量对烧蚀凹坑深度和齿面粗糙度的影响曲线

位置的负离焦量烧蚀率。因此，烧蚀凹坑深度随着正负离焦量在一定范围内的增大而减小，在没有离焦量变化时达到最大烧蚀凹坑深度。正负离焦量导致能量密度降低，激光烧蚀不完全，液态材料从烧蚀凹坑无法彻底排除，使得齿面粗糙度在正负离焦量时都大于无离焦量变化的情况，因此齿面粗糙度随着正负离焦量的增大而增大，没有离焦量变化时粗糙度较小。综合考虑离焦量对烧蚀凹坑深度和齿面粗糙度的影响程度，可选取离焦量变化区间为−0.1～0.2μm。

4.5.2　基于正交实验的飞秒激光精修工艺参数优化分析

实验采用 828fs 脉宽的飞秒激光烧蚀面齿轮材料，对激光功率(A)、重复频率(B)、扫描速度(C)、扫描道间距(D)、离焦量(E)各选取四个水平，结合单因素实验选取参数范围设计正交实验，具体因素水平如表 4.14 所示。

根据表 4.14 所列的因素水平设计 $L_{16}(4)^5$ 正交实验表，采用烧蚀凹坑深度和齿面粗糙度作为评判标准，正交实验设计及结果如表 4.15 所示。

表 4.14　因素水平

水平	功率/W	重复频率/kHz	扫描速度/(mm/s)	扫描道间距/μm	离焦量/mm
	A	B	C	D	E
1	1.5	250	65	10	−0.1
2	2	300	70	12	0
3	3	350	75	14	0.1
4	4	400	80	16	0.2

表 4.15　正交实验设计及结果

序号	水平					烧蚀凹坑深度/μm	齿面粗糙度/μm
	A	B	C	D	E		
1	1	1	1	1	1	4.269	0.261
2	1	2	2	2	2	4.726	0.285
3	1	3	3	3	3	4.077	0.228
4	1	4	4	4	4	3.211	0.204
5	2	1	2	3	4	4.007	0.267
6	2	2	1	4	3	4.926	0.293
7	2	3	4	1	2	4.267	0.252
8	2	4	3	2	1	3.625	0.229
9	3	1	3	4	2	5.362	0.327
10	3	2	4	3	1	4.633	0.314
11	3	3	1	2	4	4.301	0.319
12	3	4	2	1	3	4.829	0.370

序号	水平					烧蚀凹坑深度/μm	齿面粗糙度/μm
	A	B	C	D	E		
13	4	1	4	2	3	5.426	0.366
14	4	2	3	1	4	5.227	0.341
15	4	3	2	4	1	6.029	0.373
16	4	4	1	3	2	6.347	0.421

由表 4.15 中的实验结果可以看出，烧蚀凹坑深度和齿面粗糙度随激光参数的不同而变化复杂，难以用统一的数学模型精确描述，因此在优化设计时采用正交实验中极差分析与方差分析相结合的方法，计算得出在保证烧蚀凹坑深度的同时，具有合适齿面粗糙度的优化激光工艺参数[71]。

设 $K_i(i=1, 2, 3, 4)$ 表示每一列同一水平号所对应的实验结果的平均值，任一因素的极差可表示为

$$R = \max\{K_1, K_2, K_3, K_4\} - \min\{K_1, K_2, K_3, K_4\} \tag{4.67}$$

不同的极差可反映出各因素对评判标准的影响程度，极差越大，表明影响程度越高，根据极差大小可排列出各因素的影响顺序，分别选择出扫描道烧蚀凹坑深度和齿面粗糙度关于激光功率、重复频率、离焦量、扫描速度和扫描道间距的优化方案，具体的极差分析如表 4.16 所示。

表 4.16　极差分析

项目	平均水平	功率/W	重复频率/kHz	扫描速度/(mm/s)	扫描道间距/μm	离焦量/mm
烧蚀凹坑深度	K_1	4.071	4.766	4.961	4.648	4.639
	K_2	4.206	4.878	4.898	4.520	5.176
	K_3	4.781	4.669	4.572	4.766	4.815
	K_4	5.757	4.503	4.384	4.882	4.187
	极差 R	1.656	0.375	0.577	0.362	0.989
	优化方案	$A_4B_2C_1D_4E_2$				
	主次顺序	$A>E>C>B>D$				
齿面粗糙度	K_1	0.245	0.305	0.324	0.306	0.294
	K_2	0.260	0.308	0.324	0.300	0.321
	K_3	0.333	0.293	0.281	0.308	0.314
	K_4	0.375	0.306	0.284	0.299	0.283
	极差 R	0.130	0.015	0.043	0.009	0.038
	优化方案	$A_1B_3C_3D_4E_4$				
	主次顺序	$A>C>E>B>D$				

由表 4.16 中的极差大小顺序可以看出，激光功率的影响程度最大，扫描道间距的影响程度最小。在分析扫描道烧蚀凹坑深度时，尽可能地利用激光能量使之效率最高，即烧蚀凹坑深度的 K 值最大，对参数优化后，选择 $A_4B_2C_1D_4E_2$（因素 A 取第四水平、因素 B 取第二水平、因素 C 取第一水平、因素 D 取第四水平、因素 E 取第二水平）。在分析齿面粗糙度时，需要保证面齿轮齿面尽可能地平整光滑，即齿面粗糙度的 K 值越小越好，因此对参数优化后选择方案为 $A_1B_3C_3D_4E_4$。

极差分析使烧蚀凹坑深度和齿面粗糙度产生了两组不同的优化参数组，需要再进行方差分析验证各因素对两种评判标准的显著性程度，因此选择同时兼顾烧蚀凹坑深度和齿面粗糙度的优化参数组。

设 SST 为总误差平方和，SSU（A、B、C、D、E）为控制变量独立作用引起的水平项误差平方，SSZ 为误差项平方和，则有

$$SST = \sum_{i=1}^{k} \sum_{j=1}^{n_{ij}} \left(x_{ij} - \bar{x} \right)^2 \tag{4.68}$$

$$SSU = \sum_{i=1}^{k} \left(\bar{x}_i^U - \bar{x} \right)^2 \tag{4.69}$$

$$SSZ = \sum_{i=1}^{k} \sum_{j=1}^{n_{ij}} \left(x_{ij} - \bar{x} \right)^2 \tag{4.70}$$

式中，i 为水平号；k 为因素水平的个数（这里 $k=4$）；x_{ij} 为第 i 水平第 j 组实验的数据；$\bar{x}$ 为正交实验整体平均值；n_{ij} 为第 i 个水平第 j 组实验个数；$\bar{x}_i^U$ 为每一因素的实验平均值。

式 (4.68)～式 (4.70) 中 SST 与 SSU 和 SSZ 之间有如下关系：

$$SST = \sum_{U=A}^{E} SSU + SSZ \tag{4.71}$$

式中，A、E 等为因素。

对于 n 个观测值，k 个因素水平，记 MSU 为各因素的组间均方误差，MSZ 为各因素的组内均方误差，根据组间均方误差和组内均方误差求得显著度 F，有

$$MSU = \frac{SSU}{k-1} \tag{4.72}$$

$$MSZ = \frac{SSZ}{n-k} \tag{4.73}$$

$$F = \frac{\text{MSU}}{\text{MSZ}} \qquad (4.74)$$

根据计算得到有关扫描道烧蚀凹坑深度和齿面粗糙度的方差分析表，为了检验因素的显著性，F 临界值取当检验水平为 $\alpha=0.05$ 时的情况。当某因素显著度 F 大于 F 临界值时，则说明该因素对评判标准的影响高度显著，用 ▲▲▲ 表示；当某因素显著度 F 小于 F 临界值时，则说明该因素对评判标准的影响不显著，用 ▲ 表示。该实验的 F 临界值为 $F_{0.05}(3,12)=5.95$，具体的方差分析如表 4.17 所示。

表 4.17 方差分析表

项目	方差来源	离差平方和 S	自由度 f	均方和 MS(S/f)	F(MSU/MSZ)	显著性
烧蚀凹坑深度	A	7.0563	3	2.3521	26.5474	▲▲▲
	B	0.3031	3	0.101	1.1400	▲
	C	0.8917	3	0.2972	3.3544	▲
	D	0.2908	3	0.0969	1.0937	▲
	E	2.0262	3	0.6754	7.6230	▲▲▲
	随机误差	1.0632	12	0.0886	—	—
	总和	11.6313	15	—	—	—
齿面粗糙度	A	0.04536	3	0.01512	10.7552	▲▲▲
	B	0.00057	3	0.00019	0.1352	▲
	C	0.00674	3	0.00225	1.5981	▲
	D	0.00022	3	0.00007	0.0523	▲
	E	0.00378	3	0.00126	0.8963	▲
	随机误差	0.01687	12	0.00141	—	—
	总和	0.07354	15	—	—	—

根据方差分析结果，可观察出激光功率对烧蚀凹坑深度和齿面粗糙度均有显著的影响。激光功率高，烧蚀面齿轮材料所形成的烧蚀凹坑大，产生的熔融物较多，无法排出，所形成的齿面粗糙度较大。在加工过程中，应在保证一定加工效率的前提下使面齿轮材料表面尽可能平整，在综合考虑极差分析结果后选择因素 A 的第三水平。而离焦量对烧蚀凹坑深度影响是高度显著，对齿面粗糙度影响是一般显著，根据综合极差分析的程度影响选择因素 E 的第三水平。扫描速度对烧蚀凹坑深度和齿面粗糙度的影响均比较显著，综合极差分析的结果后选择因素 C 的第一水平。激光频率、扫描道间距对烧蚀凹坑深度及齿面粗糙度的影响都不显著，根据综合极差分析的结果，选择因素 B 的第二水平和因素 D 的第四水平，得优选参数组合为 $A_3B_2C_1D_4E_3$，即激光功率 3W、重复频率 300kHz、扫描速度 65mm/s、扫描道间距 16μm、离焦量 0.1μm。

4.5.3　飞秒激光精修齿面特征的回归预测模型与仿真分析

1. 回归预测模型

根据表 4.15 中的正交实验结果，采用回归分析进行预测分析，选择幂函数作为评判标准模型进行建模，设

$$T=KP^{\alpha} f^{\beta} v^{\delta} (\Delta L)^{\varepsilon} J^{\gamma} \tag{4.75}$$

式中，T 为随机变量，这里可为扫描道烧蚀凹坑深度 h 或齿面粗糙度 R_a；K 为比例系数；α、β、δ、ε、γ 分别为因素 P、f、v、ΔL 和 J 对 T 的影响指数；P 为激光功率；f 为重复频率；v 为扫描速度；ΔL 为扫描道间距；J 为离焦量。

在式(4.75)中，随机变量 T 与五个因素 P、f、v、ΔL 和 J 之间存在着多元非线性关系，通过对数变换，可将式(4.75)化简为线性模型，对线性表达式进行多元线性回归求解，得到扫描道烧蚀凹坑深度 h 和齿面粗糙度 R_a 的多元回归分析结果，分别如表 4.18 和表 4.19 所示。

表 4.18　扫描道烧蚀凹坑深度的多元回归分析结果

回归统计	
相关系数	0.9020
拟合优度	0.8135
校正系数	0.7203
标准误差	0.4439
观测值	16

方差分析				
参数	自由度	误差平方和(SS)	均方差(MS)	F	P
回归分析	5	8.5980	1.7195	8.7260	0.00205
残差	10	1.9705	0.1971	—	—
总计	15	10.5685	—	—

回归参数				
参数	B	标准误差	t	P 值	<95%
截距	6.0212	1.7352	3.4700	0.0060	2.1550
α	0.6782	0.1556	5.8672	1.5×10^{-4}	0.4206
β	−0.0020	0.0020	−1.0059	0.3382	−0.0064
δ	−0.0411	0.0199	−2.0700	0.0653	−0.8532
ε	0.0474	0.0496	0.9556	0.3618	−0.0632
γ	−1.1718	0.9930	−1.7313	0.1141	−3.9302

表 4.19　齿面粗糙度的多元回归分析结果

回归统计	
相关系数	0.9419
拟合优度	0.8871
校正系数	0.8306
标准误差	0.0253
观测值	16

方差分析					
参数	自由度	误差平方和(SS)	均方差(MS)	F	P
回归分析	5	0.0503	0.0101	15.7127	1.8×10^{-4}
残差	10	0.0064	0.0006	—	—
总计	15	0.0567	—	—	—

回归参数				
参数	B	标准误差	t	P 值	<95%
截距	0.4108	0.0989	4.1543	0.0020	0.1905
α	0.0551	0.0067	8.3560	8×10^{-5}	0.0404
β	-2.6×10^{-5}	0.0001	-0.2298	0.8228	-2.78×10^{-4}
δ	-0.0032	0.0011	-2.8465	0.0174	-0.0057
ε	-0.0006	0.0028	-0.2210	0.8295	-0.0069
γ	-0.0415	0.0566	-0.7337	0.4800	-0.1675

按表 4.18 与表 4.19 中的回归参数,对 K 进行反变换,由式(4.75)可得飞秒激光精修面齿轮材料 18Cr2Ni4WA 的扫描道烧蚀凹坑深度 h、齿面粗糙度 R_{a} 的回归模型分别为

$$h=4.67\times P^{0.678} f^{-0.02} v^{-0.41} (\Delta L)^{0.47} J^{1.1718} \tag{4.76}$$

$$R_{a}=0.53\times P^{0.0551} f^{-0.000026} v^{-0.0032} (\Delta L)^{-0.0006} J^{-0.0415} \tag{4.77}$$

将正交实验分析所得数据代入回归分析建立的预测模型中,计算得扫描道烧蚀凹坑深度和齿面粗糙度的预测结果分别为 5.83μm 和 0.554μm。

2. 仿真模型与分析

根据 4.3.1 节中对面齿轮材料的烧蚀阈值的讨论,面齿轮材料 18Cr2Ni4WA 的烧蚀阈值 F_{th} 为 0.1383J/cm^{2}。飞秒激光能量在传播过程中会呈指数规律递减,距材料表面 H 处的能量密度可表示为式(4.21)。飞秒激光加工在烧蚀过程中存在多

脉冲能量串行耦合效应,将材料内部残留的能量等价转换为本次脉冲激光的能量,得到在材料内部距离表面 H 处、第 N 个激光脉冲照射后的能量密度(见式(4.23)),扫描过程中脉冲数 N 的表达式为

$$N = \frac{2w_0 f_{\mathrm{n}}}{v} \tag{4.78}$$

式中,v 为扫描速度。

由于实验采取直角 S 形扫线加工方式,考虑到加工时两条扫描道间距 ΔL 的影响,引入横向位移方向激光强度下能量密度 Q_{C} 为[71]

$$Q_{\mathrm{C}} = 2F_0 \mathrm{e}^{-\frac{\Delta L^2}{2w_0^2}} \tag{4.79}$$

结合式(4.21)、式(4.23)和式(4.79)得到材料吸收能量后内部能量密度 $F(H, R)$ 分布为[71]

$$F(H, R) = 2\beta b F_0 \exp\left(2R^2 - bH\right) \mathrm{e}^{-\frac{\Delta L^2}{2w_0^2}} \exp\left(N^{1-s}\right) \tag{4.80}$$

仿真模型所用材料特性及激光参数如表 4.20 所示,根据式(4.80)在 MATLAB 上进行仿真求解,得到如图 4.63 所示的面齿轮烧蚀凹坑剖面轮廓图,去掉达到烧蚀阈值的材料所形成的轮廓线,即可得到扫描道烧蚀凹坑深度为 5.682μm。

表 4.20 材料特性及激光参数

参数	数值	参数	数值
吸收系数 b/m^{-1}	4.97×10^7	束腰半径 w_0/μm	23.14
吸收率 β/%	20	重复频率 f/kHz	300
激光平均功率 P/W	3	激光能量密度 F_0/(J/cm^2)	1.59
脉宽 τ_{p}/fs	828	波长 λ_0/nm	1030
扫描速度 v/(mm/s)	65	扫描道间距 ΔL/μm	16

4.5.4 精修工艺参数优化实验结果及分析

1. 实验结果分析

采用上述精修优化工艺参数对面齿轮材料 18Cr2Ni4WA 进行飞秒激光精修加工,利用三维视频显微镜及轮廓仪对烧蚀区域进行检测,观测扫描道的 SEM 图像、三维超景深显微镜下获得的扫描道图像和不同位置测量的扫描道烧蚀凹坑深度分别如图 4.64~图 4.66 所示,轮廓仪测量齿面粗糙度曲线如图 4.67 所示。

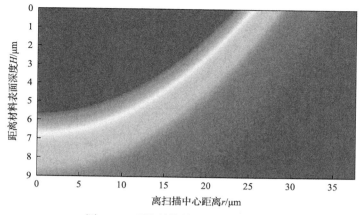

图 4.63　面齿轮烧蚀凹坑剖面轮廓图

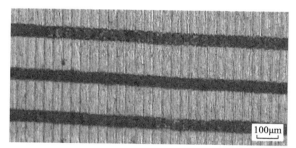 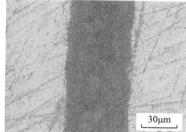

图 4.64　优化工艺参数下扫描道的 SEM 图像

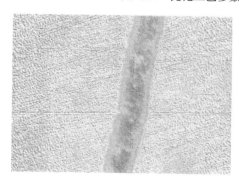 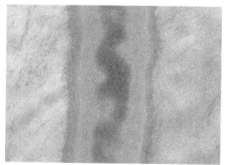

图 4.65　三维超景深显微镜下获得的扫描道图像

　　由图 4.64 可以看出，扫描道烧蚀路径完整，扫描道两壁比较齐整，表面有轻微的损伤。熔化的液态材料基本都被推离扫描道凹坑底部，推动动能不足，较大的熔化材料液滴在烧蚀坑壁重新凝固，使得烧蚀凹坑底部残留一些未排除的液态材料所形成的气泡和一些因高温溅射的颗粒。以此图像为评判标准，扫描道两壁烧蚀完全且无残留，烧蚀凹坑表面大部分较为平整，烧蚀区域形貌达到预期要求。

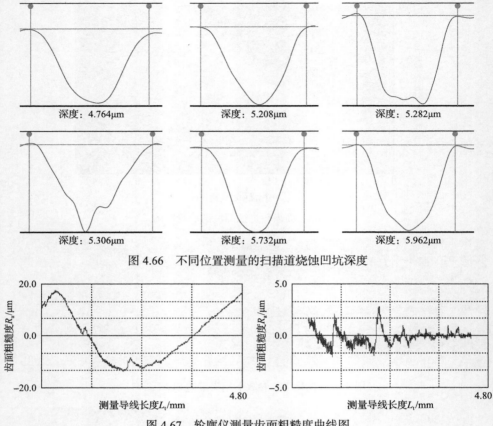

图 4.66　不同位置测量的扫描道烧蚀凹坑深度

图 4.67　轮廓仪测量齿面粗糙度曲线图

图 4.65 为三维超景深显微镜下获得的扫描道图像。为避免结果的偶然性，图 4.66 为截取不同位置下的扫描道烧蚀凹坑深度，最终结果取其平均值，得到在精修工艺参数下飞秒激光烧蚀面齿轮材料 18Cr2Ni4WA 的平均扫描道烧蚀凹坑深度为 5.376μm。

图 4.67 为轮廓仪测量齿面粗糙度曲线图，图中横坐标为测量导线长度 L_t，纵坐标为齿面粗糙度 R_a。测得在精修工艺参数下飞秒激光烧蚀面齿轮材料 18Cr2Ni4WA 的齿面粗糙度为 0.506μm。

预测模型与仿真模型和实验结果对比如表 4.21 所示。由表 4.21 可知，根据回归模型计算 h 和 R_a 预测值，h 和 R_a 预测值与正交实验优选方案 $A_3B_2C_1D_4E_3$ 的实验值的最大相对误差分别为 8.4% 和 9.5%；根据仿真模型计算得到 h 预测值，h 预测值与实验值的最大相对误差为 5.7%。误差产生的主要原因是回归模型无法考虑到能量传递及能量损失等影响和仿真模型对材料特性研究的不足。根据表 4.21 计算所得的相对误差结果表明，两种模型误差均在合理范围之内，证明了优化的合理性，保证了在高激光能量密度下产生的最大扫描道烧蚀凹坑深度和最小齿面粗糙度。

表 4.21　面齿轮材料 18Cr2Ni4WA 预测值和实验值对比

扫描道烧蚀凹坑深度 $h/\mu m$			齿面粗糙度 $R_a/\mu m$	
回归预测值	仿真值	实验值	回归预测值	实验值
5.83	5.682	5.376	0.554	0.506

2. 精修工艺参数优化实验分析结论

开展多脉冲飞秒激光烧蚀面齿轮材料 18Cr2Ni4WA 的扫描道烧蚀路径形貌研究，采取单因素实验分析扫描道烧蚀凹坑深度、齿面粗糙度与激光功率、重复频率、扫描速度、扫描道间距、离焦量之间的关系，利用正交实验对目标参数进行优化，并选取优化参数组，根据回归预测模型和仿真模型对扫描道烧蚀凹坑深度及齿面粗糙度进行预测，并与优化参数后实验结果进行对比，得到以下结论[71]：

（1）激光功率对扫描道烧蚀凹坑深度和齿面粗糙度的影响程度最大，对扫描道间距的影响程度最小。

（2）根据单因素实验结果，通过飞秒激光精修正交实验优化分析，得出工艺参数优选优化方案为 $A_3B_2C_1D_4E_3$，即激光功率 3W，重复频率 300kHz，扫描速度 65mm/s，扫描道间距 16μm，离焦量 0.1mm。

（3）基于最小二乘法建立回归模型，得到扫描道烧蚀凹坑深度和齿面粗糙度的预测值，与优化后实验结果的最大相对误差分别为 8.4%和 9.5%；建立多效应的仿真模型预测扫描道烧蚀凹坑深度，与优化后实验结果的最大相对误差为 5.7%。

（4）证明了正交实验结果的可行性，在正交实验优选方案下，可得到保证激光能量密度下的最大扫描道烧蚀凹坑深度及最小齿面粗糙度，该结果为飞秒激光精微修正加工面齿轮提供了理论依据。

第 5 章　微结构 FBG 的飞秒激光加工应用技术

5.1　微结构 FBG 飞秒激光微加工系统

　　光纤飞秒激光加工系统如图 5.1 所示，主要包括飞秒激光系统（其激光器为日本 CyberLaser 公司的 IFRIT 型）、物镜、CCD 光源、三维工作台、激光控制面板等。飞秒激光系统的主要规格参数如表 5.1 所示，飞秒激光的输出频率、功率及脉宽都可以通过激光控制面板进行调节。CCD 相机可以对加工过程进行实时监测。加工工件安装在三维工作台上，通过三维工作台相对激光脉冲的移动来完成样品的加工，三维工作台的移动参数及精度如表 5.2 所示。飞秒激光光路如图 5.2 所示，飞秒激光从激光器输出，经过反射镜、衰减镜、光阑等光路，最终聚焦在所加工物质上。光路中的衰减镜起到调节激光能量大小的作用，衰减镜有 1#、2#、3#三档，每档能量衰减率分别为 100%、11.8%、2%，须手动调节。光阑用来调节输出激光光斑的大小，通常选取在光阑 6 位置，既能保证大部分光通过光阑，又能使得光斑大小不发生太大改变。

图 5.1　光纤飞秒激光加工系统

表 5.1　飞秒激光系统的主要规格参数

脉宽范围/fs	波长/nm	平均输出功率/W	输出频率范围/Hz	输出光束直径/mm	光束品质因子
0～180	780	1.1	1～1000	5	M2＜1.3

表 5.2　三维工作台的移动参数及精度

x 轴移动范围	y 轴移动范围	z 轴移动范围	x、y、z 轴移动精度
±100	±100	±25	1μm、1μm、0.5μm

图 5.2　飞秒激光光路

　　样品的加工程序及三维工作台的移动都是由数控系统内置软件 S-100 进行编制的，加工程序可进行如直线插补、圆弧插补等多种加工程序编制。

　　在光纤表面加工微结构时，需要一个辅助的光纤夹具系统，如图 5.3 所示，其具有夹持和旋转光纤的作用，由直流电机电源、控制器(瑞士 DC Sevro ControlLSC)、夹具(减速齿轮、光纤夹持铜管及底座)组成。控制器控制直流电机的转速，经过减速齿轮使得光纤夹持铜管能够以较低的转速运动，光纤夹持铜管能够固定光纤进行旋转运动。通过光纤的旋转运动结合三维工作台的移动，能够在光纤上加工螺旋微槽。

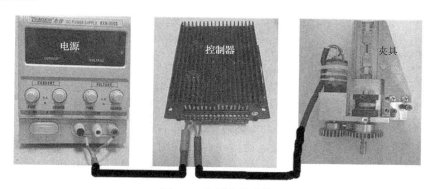

图 5.3　光纤夹具系统

5.2 光纤的飞秒激光加工特性

采用飞秒激光制作微结构氢气传感探头,首先需要研究激光工艺参数对光纤加工的影响,确定激光对光纤的刻蚀阈值;其次研究飞秒激光对光纤的刻蚀深度与能量之间的关系,这直接影响制作微结构光纤的质量。

5.2.1 光纤损伤阈值的计算

飞秒激光加工光纤材料时,激光能量密度到达一定值(损伤阈值)才能刻蚀光纤。对于超快脉冲激光,损伤阈值 F_{th} 采用激光能量和光斑面积的比值表示,即

$$F_{th} = \frac{E_{th}}{A} \qquad (5.1)$$

式中, E_{th} 为刻蚀材料所需要的最低能量; A 为光斑面积。

由于飞秒激光是高斯光束,定义最大激光能量密度 F_0 为[72]

$$F_0 = \frac{2E_p}{\pi\omega_0^2} \qquad (5.2)$$

式中, ω_0 为高斯激光束在最大能量强度 e^{-2} 处的光斑半径; E_p 为激光能量。

烧蚀凹坑直径 D 与损伤阈值 F_{th} 的关系为[72]

$$D^2 = 2\omega_0^2 \ln\left(\frac{F_0}{F_{th}}\right) \qquad (5.3)$$

由于飞秒脉冲激光的能量累积作用,不同频率的激光具有不同的损伤阈值,根据 Jee 等[73]提出的脉冲激光累积模型,单脉冲损伤阈值 F_1 和多脉冲损伤阈值 F_N 的关系为

$$F_N = F_1 N_D^{s-1} \qquad (5.4)$$

式中, N_D 为脉冲数; s 为激光能量累积系数,当 $s=1$ 时,表示损伤阈值没有随脉冲数改变,即没有发生脉冲能量累积效应。

激光能量累积系数 s 的确定可根据 F_1 和 F_N 对数坐标图得出。要计算出激光刻蚀光纤的损伤阈值 F_{th},首先需要确定激光光斑的直径,由于激光理论光斑的大小与实际光斑的大小存在一定差异,本章采用实验得出的光斑直径计算损伤阈值。

5.2.2　飞秒激光光斑大小的确定

采用不同能量密度的飞秒激光,依次对光纤纤芯上等间距的点进行照射,采用的激光参数如表 5.3 所示,得出不同能量密度下的损伤直径;依据刻蚀孔直径与能量密度之间的关系、刻蚀孔直径与激光能量对数之间的关系,可得出激光光斑大小及飞秒激光加工光纤的损伤阈值。采用基恩士 VK-X260K 系列的三维超景深电子显微镜测试各脉冲频率下不同激光能量刻蚀光纤表面形貌显微结构如图 5.4 所示。

表 5.3　激光参数

激光功率/mW	衰减/%	单脉冲能量/J	照射时间/s	激光频率/Hz
5.7	11.8	5.7×10^{-6}	1	1000
11.5	11.8	1.15×10^{-5}	1	1000
22.9	11.8	2.29×10^{-5}	1	1000
34.5	11.8	3.45×10^{5}	1	1000
45.9	11.8	4.59×10^{-5}	1	1000
57.5	11.8	5.75×10^{-5}	1	1000

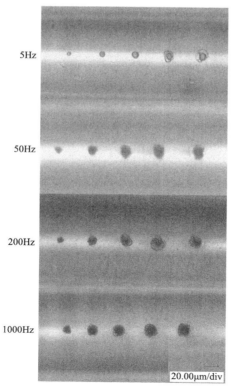

图 5.4　不同激光能量刻蚀光纤表面形貌显微结构

对刻蚀后的光纤圆孔直径进行测量，每一种功率均刻蚀并测量三组数据，然后取平均值，得出刻蚀孔直径与能量对数的数据如表 5.4 所示。

表 5.4　刻蚀孔直径与能量对数的数据

激光功率/mW	刻蚀孔直径/μm	能量对数 $\ln E_p$
5.7	5.48	−12.0576
11.5	11.23	−11.3645
22.9	13.78	−10.959
34.5	18	−10.6714
45.9	18.49	−10.4482
57.5	20.65	−9.9782

根据表 5.4 的数据，得出刻蚀孔直径的平方与激光脉冲能量对数的关系如图 5.5 所示，图中实线为数据点的线性拟合，拟合方程为

$$y=173.86x+2120.23, \quad R^2=0.991 \tag{5.5}$$

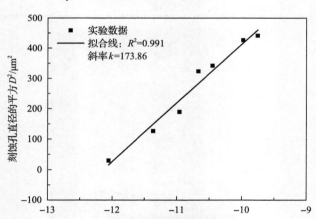

图 5.5　刻蚀孔直径的平方与激光脉冲能量对数的关系

由式(5.3)可得，激光光斑半径 ω_0 约为 9.3μm，再根据式(5.2)，由激光光斑半径 ω_0 得出不同激光功率下的最大激光能量密度 F_0 及刻蚀孔直径，最大能量密度(峰值能量密度)与刻蚀孔直径平方的关系如图 5.6 所示，图中虚线是拟合直线，其与坐标轴的交点为刻蚀损伤阈值能量密度，F_{th} 表达式为

$$F_{th}(1000)\approx 3.63\text{J/cm}^2 \tag{5.6}$$

式中，$F_{th}(1000)$ 为激光脉冲频率在 1000Hz 时的刻蚀损伤阈值。

由于激光脉冲的累积作用，不同频率的激光脉冲具有不同的损伤阈值。为了

得出光纤在不同激光频率下的损伤阈值, 需要确定式(5.4)中激光能量累积系数 s,
由式(5.4)可得

$$\ln N_{\mathrm{D}} F_{\mathrm{N}} = \ln F_1 + s \ln N_{\mathrm{D}} \qquad (5.7)$$

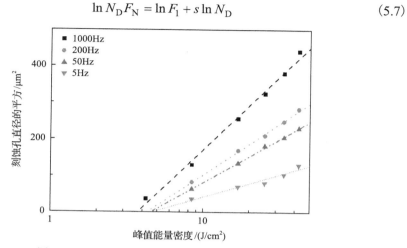

图 5.6　最大能量密度与刻蚀孔直径平方的关系

由式(5.7)可知, $\ln N_{\mathrm{D}} F_{\mathrm{N}}$ 与 $\ln N_{\mathrm{D}}$ 是线性关系, 并且 s 为该方程线性系数, 采
用不同激光频率刻蚀光纤, 得出不同激光频率下的刻蚀阈值; 绘出 $\ln N_{\mathrm{D}} F_{\mathrm{N}}$ 与 $\ln N_{\mathrm{D}}$
的对数坐标图, 得出飞秒激光加工光纤的激光能量累积系数 s。选取四个激光频
率: 1000Hz、200Hz、50Hz、5Hz, 在每个激光频率下进行打点, 打点持续时间
为 1s, 然后用电子显微镜观察及测量每组刻蚀点的直径大小, 激光加工参数及刻
蚀点直径测试结果如表 5.5 所示。

表 5.5　激光加工参数及刻蚀点直径测试结果

激光功率 /mW	最大激光能量密度 /(J/cm²)	1kHz 刻蚀点直径 /μm	200Hz 刻蚀点直径 /μm	50Hz 刻蚀点直径 /μm	5Hz 刻蚀点直径 /μm
11.5	8.45	5.74	9.1	8	6
22.9	16.91	11.48	13	11.6	8.42
34.5	25.38	22.97	14.5	13.5	9
45.9	33.84	34.46	15.75	14.32	10.17
57.5	42.29	45.95	16.8	15.9	11.4

由图 5.4 和表 5.5 可知, 随着激光频率的增大, 孔直径也变大, 但激光频率超
过 50Hz 后, 直径增大程度较缓慢。当激光频率为 5Hz、激光功率小于 34.5mW 时,
圆点刻蚀形貌非常规则, 基本呈现圆形; 当激光能量再增大时, 圆点边缘开始出
现不规则的刻蚀痕迹。根据刻蚀孔直径的大小绘出半对数坐标图, 很明显地可以

看出，随着激光频率的增大，激光对光纤的损伤阈值逐渐减小，可以计算出当激光频率为 200Hz、50Hz、5Hz 时，损伤阈值 $F_{th}(200) \approx 4.2 \text{J/cm}^2$、$F_{th}(50) \approx 4.36 \text{J/cm}^2$、$F_{th}(5) \approx 4.4 \text{J/cm}^2$。

依据式 (5.7) 得双对数坐标图 (图 5.7)，图中直线拟合度确定系数 $R^2 = 0.999$，拟合直线斜率为 0.969，因此飞秒激光对光纤的能量累积系数 $s = 0.969$。

单脉冲激光的损伤阈值为

$$F_{th}(1) = F_{th}(1000) / N^{s-1} = 4.49 \text{J/cm}^2 \tag{5.8}$$

式 (5.8) 与文献 [74] 阐述的单脉冲激光刻蚀熔融石英得到的损伤阈值 3.7～4.25J/cm^2 基本一致，光纤掺杂成分和测量误差导致结果有所差异。根据 1kHz 激光加工下的刻蚀阈值，得出刻蚀光纤的最小激光能量为 4.92μJ，因此若需要在光纤表面加工出微结构，则最小激光能量不能小于 4.92μJ，这也和实验结果相匹配，当激光能量小于 5μJ 时，在光纤表面观察不到刻蚀的痕迹。

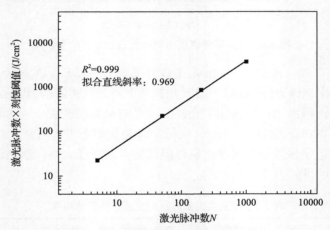

图 5.7　飞秒激光加工光纤累积系数

采用高斯型激光的理论光斑半径 ω 为

$$\omega = \frac{M^2 f \lambda_0}{\pi \omega_s} \tag{5.9}$$

式中，ω_s 为激光束初始光斑半径；f 为物镜的焦距；M^2 为激光品质因子；λ_0 为波长。

根据式 (5.9)，把相关激光参数 ($M^2 = 1.3$，$f = 60\text{mm}$，$\lambda_0 = 780\text{nm}$，$\omega_s = 5.17\text{mm}$) 代入，可得理论光斑半径 $\omega \approx 8\mu\text{m}$，理论光斑直径 16μm 小于实验方案得出的光斑直径，原因为理论计算采用的参数都是设备的最优参数，如激光品质因子 M^2、

激光束初始光斑半径 ω_s，在实际使用过程中，由于激光经过衰减镜、光阑以及物镜聚焦，对激光光斑大小产生一定影响，若使用能量过大，则由于物镜的聚焦性能的限制，光斑将变得更大。

5.2.3　光纤的飞秒激光烧蚀凹坑深度

高功率的激光对材料的损伤行为依据脉冲持续时间 τ，τ 影响激光能量损伤阈值。当 $\tau > 10\text{ps}$ 时，激光刻蚀过程取决于温度在原子晶格的传导率。飞秒激光与材料的刻蚀率之间存在一定关系，对于皮秒级激光，其简化关系为

$$h \approx \alpha^{-1} \ln\left(\frac{F_{\text{inc}}}{F_{\text{th}}}\right) \tag{5.10}$$

式中，h 为单脉冲刻蚀率；α 为材料光学吸收系数；α^{-1} 为材料光学渗透深度；F_{inc} 为入射激光能量密度。

材料的电子吸收和热电子扩散主导能量的沉积。依据光电耦合的强度，在激光和材料晶格发生作用之前，热电子能够深入材料内部，因此飞秒激光刻蚀的深度通常将超过材料光学渗透深度 α^{-1}。对于多脉冲激光刻蚀材料，多脉冲刻蚀深度 H 与单脉冲刻蚀率 h 之间存在以下关系：

$$H = h(N_{\text{D}} - N_{\text{th}}) \tag{5.11}$$

式中，N_{th} 为最小刻蚀阈值脉冲数（依据激光能量大小）。

单脉冲刻蚀光纤表面的刻蚀率为纳米级，测试难度较大，因此采用间接计算方法。在 1kHz 频率下，采用一定能量的飞秒激光加工微孔，测试微孔深度，然后在该激光能量下，调节激光频率使脉冲数 N_{D} 至 N_{th}，这样间接测试单脉冲刻蚀率。依据不同能量下单脉冲刻蚀率及损伤阈值的关系，即可确定光纤的光学渗透深度 α^{-1}。

为了便于测量微孔的深度，实验采用较大的激光功率进行点加工，激光功率分别为 11.5mW、22.9mW、34.5mW、45.9mW、57.5mW，激光频率为 1kHz，时间持续为 1s，通过电子显微镜测量孔的深度。图 5.8(a) 为打孔的纵向显微图像，图 5.8(b) 为 45.9mW 激光功率作用下光纤横截面微孔形貌，由图可以看出微孔形貌呈现 V 形，较好地符合高斯激光能量分布。

当激光功率分别为 11.5mW、22.9mW、34.5mW、45.9mW、57.5mW 时，孔的深度分别为 1μm、11.23μm、23.9μm、39.69μm、57.22μm，激光能量较大，在较小的频率下就能刻蚀光纤，因此单脉冲刻蚀率 h 近似简化为

$$h \approx H / N_{\text{D}} \tag{5.12}$$

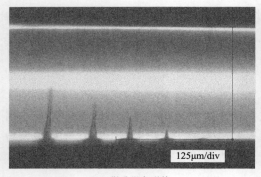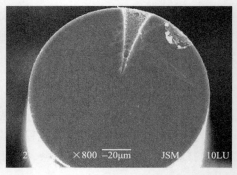

(a) 微孔纵向形貌　　　　　　　　(b) 45.9mW激光功率作用下光纤横截面微孔形貌

图 5.8　微孔纵向形貌和横截面微孔形貌

当单脉冲刻蚀深度分别为 1nm、11.23nm、23.9nm、39.69nm、57.22nm 时，单脉冲刻蚀率与激光能量密度的关系如图 5.9 所示，即可得到光纤对飞秒激光的光学吸收系数及光学渗透深度。拟合直线的斜率即光纤对激光的光学渗透深度，α^{-1}=114nm，光学吸收系数 $\alpha=8.8\times10^4\text{cm}^{-1}$。

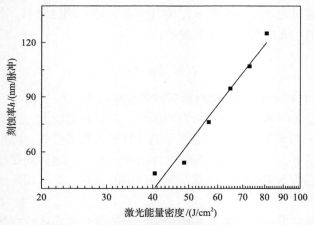

图 5.9　单脉冲刻蚀率与激光能量密度的关系

文献[75]中阐述的熔融石英对脉宽为 15ns、波长为 157nm 的紫外激光的光学渗透深度为 α^{-1}=59nm，硅酸盐玻璃对脉宽为 200fs、波长为 780nm 的飞秒激光的光学渗透深度为 α^{-1}= 238nm，这说明相比短脉冲飞秒激光，长脉冲紫外激光对脆硬透明材料表现出更好的刻蚀率，由于飞秒激光具有更易控制的高斯光束，能够实现高深宽比的刻蚀。根据单脉冲刻蚀率及光学吸收系数，可以确定在不同激光功率或能量下的激光刻蚀深度。

5.3　微结构的飞秒激光加工参数

采用飞秒激光制作微结构光纤，首先需要确定合适的工艺参数，工艺参数主要是激光能量和扫描速度。激光能量和扫描速度直接影响微槽结构的深度和宽度，激光频率通常选取最大 1kHz，这样能够在较低的激光能量下加工出形貌较好的微结构。其次选取合适的微槽深度、螺旋微结构的螺距以及直槽微结构的直槽数量，这些特征参数直接影响传感探头的灵敏度。复合微结构的直槽数量主要考虑加工效率及加工光纤的可操作性，最大槽数限制在 8 个。

5.3.1　微结构槽深与扫描速度、激光能量的关系

1. 扫描速度及激光能量对加工的影响

对于脉冲激光，扫描速度对加工的深度有影响，由于速度的改变，单位时间内脉冲数发生改变，脉冲的叠加累积效应不一样，加工的微槽深度将发生变化。图 5.10 为脉冲激光扫描示意图，由图可以看出相邻两个脉冲相互叠加的情况，扫描速度越小，脉冲叠加程度越高。光斑半径为 9μm，若 1kHz 激光以 1.2mm/min 的扫描速度加工，则在 1s 内，距离为 20μm 的行程上将叠加 1000 个脉冲，一个脉冲的光斑直径为 18μm，因此以 1.2mm/min 的速度扫描加工光纤产生的深度，相当于采用 1kHz 激光 1s 打点刻蚀的深度。假设 1kHz 激光以 60mm/min 的扫描速度加工，则在 1000μm 内均匀分布 1000 个脉冲，相邻两个脉冲基本叠加在一起，相当于在一个直径范围内近似叠加 20 个脉冲，因此以 1kHz 激光 60mm/min 的扫描速度加工的槽深等效于以 20Hz 激光 1s 打点刻蚀的深度。

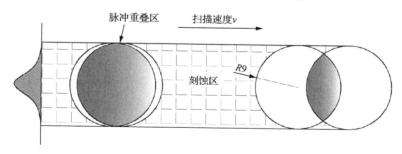

图 5.10　脉冲激光扫描示意图（单位：μm）

采用的加工直槽参数如表 5.6 所示，测量直槽深度与宽度，对每个样品进行两次重复直槽加工，然后采用三维超景深显微镜观测直槽断面，每个直槽测量三次，取平均值作为最终尺寸，最后得到不同加工参数下直槽的深度和宽度，如表 5.7 所示。图 5.11（a）和（b）分别显示在加工速度分别为 1.2mm/min、10mm/min 和不同激

光功率下加工光纤断面形貌。很明显，在相同的扫描速度下，激光功率越大，槽深越大。在相同能量加工时，扫描速度越大，槽深越浅。

表 5.6　加工直槽参数

样品编号	扫描速度/(mm/min)	激光能量/μJ
1～6	1.2	15, 20, 25, 30, 35, 40
7～12	5	15, 20, 25, 30, 35, 40
13～18	10	15, 20, 25, 30, 35, 40

表 5.7　不同加工参数下直槽的深度和宽度

能量/μJ	扫描速度 1.2mm/min		扫描速度 5mm/min		扫描速度 10mm/min	
	直槽深度/μm	直槽宽度/μm	直槽深度/μm	直槽宽度/μm	直槽深度/μm	直槽宽度/μm
15	22.15	8.8	16.2	8.3	12.5	8.2
20	27.2	9.8	21.59	9.5	15.79	9.4
25	31.9	10.24	26.02	10.2	21.06	10
30	36.93	11.5	29.97	11	23.27	10.8
35	42.85	12.2	35.99	11.9	27.24	12
40	49.9	13.5	40.12	12.5	29.84	12.5

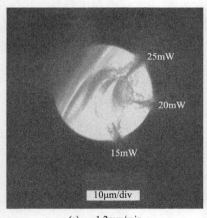

(a) v=1.2mm/min

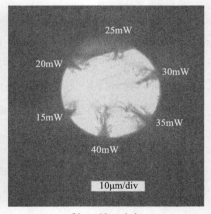

(b) v=10mm/min

图 5.11　不同扫描速度和激光功率下加工光纤断面形貌

　　图 5.12 为试样在不同扫描速度下的直槽深度（槽深）、直槽宽度（槽宽）与激光功率的关系。由图 5.12（a）～（c）可以看出，功率与槽深和槽宽呈线性关系。同时可以看出，随着激光功率的增大，槽深增长幅度较大，槽宽相对增长缓慢。槽深主要由激光功率决定，而槽宽由激光功率和光斑大小综合决定。激光光斑大小基本不变，呈现高斯分布，光斑中心的能量最大，并且随着半径的增大而减小。

当激光功率达到光纤的刻蚀阈值后，光斑中心区域最先被刻蚀，而由于靠近光斑边缘部分的能量最弱，未被刻蚀。整个光斑覆盖区域都被刻蚀后，若激光功率持续变大，则由于激光脉冲累积的作用，光斑外围区域也将被刻蚀，但是刻蚀区域增长比较缓慢，因此刻蚀的槽宽随着激光功率的增大变化不大。在相同的激光功率下，扫描速度越大，槽深越浅，这是由于单位时间内激光能量密度随着扫描速度的增大而减小。

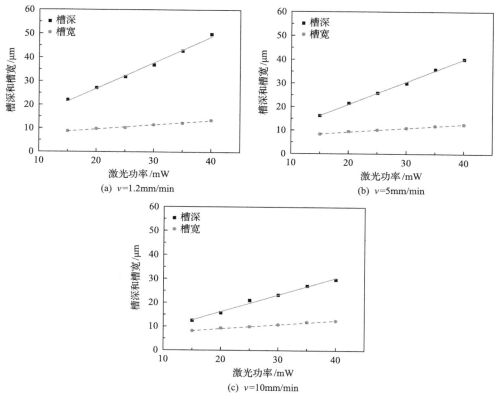

图 5.12　不同扫描速度下直槽深度、直槽宽度与激光功率的关系

2. 螺旋微槽深度与直槽深度的关系

由于螺旋微槽深度不易直接测量，需要采取间接方法。微槽深度是由激光能量和扫描速度综合决定的，因此在加工螺旋微结构和直槽微结构时，若采用相同的激光能量和扫描速度，则加工后的微槽深度基本相同，原因是单位时间内照射在光纤表面上的激光通量是相同的。螺旋微结构实际加工线速度 v_s 为

$$v_s = \sqrt{\omega^2 + v^2} \tag{5.13}$$

式中，ω 为转速；v 为工作台移动速度。

　　直槽微结构实际加工线速度即为工作台移动速度。例如，采用 5mm/min 的实际加工线速度，则工作台移动速度为 v=5mm/min。对应于螺旋微结构，若采用工作台移动速度为 0.72mm/min，转速为 12r/min，螺距为 60μm，则实际加工线速度为 v_s=4.8mm/min。设置激光能量为 20μJ，加工的单螺旋微槽和直槽截面如图 5.13 所示。图 5.13（a）中单螺旋微槽深度约为 16μm，图 5.13（b）中直槽深度约为 16.5μm。测试其他激光能量及加工速度下的槽深，槽深基本相同，由此可见，在相同的激光能量和加工速度下，加工螺旋微槽深度和加工直槽深度基本一致。因此，对螺旋微结构与直槽微结构的槽深可统一采用加工直槽参数进行研究。

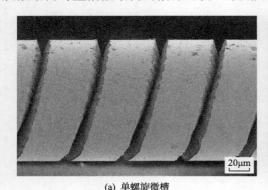

　　　　　（a）单螺旋微槽　　　　　　　　　　　　　　　　（b）直槽截面

图 5.13　单螺旋微槽与直槽截面

5.3.2　微结构加工工艺及其加工参数的确定

　　1. 螺旋微结构加工工艺

　　光纤光栅长度为 10mm，因此在光栅包层加工微结构的长度设置为 10mm。所用的 FBG 波长为 1500～1570nm，加工之前用刀片将光栅区域的涂覆层剥去，然后用酒精擦拭包层表面，把光纤插入光纤夹持铜管，将铜管安装在旋转夹具上，飞秒激光微结构加工系统示意图如图 5.14 所示。当旋转夹具以 12r/min 的转速转动时，调整激光的扫描速度，则可加工出不同螺距的微槽。单螺旋微结构只需要在 10mm 长光纤上扫描一次，双螺旋微结构则需要往复扫描两次。在飞秒激光加工过程中，产生的碎屑会沉积在光纤包层及槽的表面，若不去除碎屑，则将影响镀膜质量，因此在镀膜之前需要对微结构光纤进行去屑处理。碎屑是在极高温度下喷射而出的，重新沉积在光纤表面，具有一定的黏结性，为了去除光纤表面的碎屑，采用化学腐蚀的方法。将微结构部分的光纤放入 2% 浓度的 HF 溶液中进行腐蚀处理，腐蚀时间为 1min，随后用去超声波方式用离子水清洗干净，最后将清洗后的微结构光纤烘干备用。

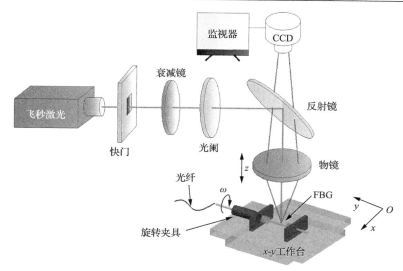

图 5.14　飞秒激光微结构加工系统示意图

图 5.15 为微结构光纤经腐蚀处理前和腐蚀处理后的表面形貌。由图 5.15（a）可以看出，在微槽表面及光纤包层表面都沉积了一层细小的颗粒状碎屑，并且较为致密。5.15（b）为经过腐蚀处理后的微结构光纤表面形貌，表面的碎屑已去除干净，经过腐蚀处理的光纤表面直径并未发生变化，并且附着在螺旋槽的颗粒也被清除。

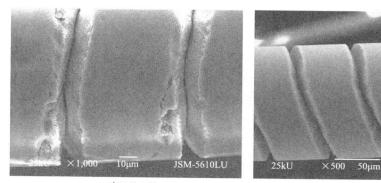

(a) 腐蚀处理前　　　　　　　　　　　　(b) 腐蚀处理后

图 5.15　微结构光纤经腐蚀处理前和腐蚀处理后的表面形貌

2. 螺旋微结构加工参数的确定

加工螺旋微结构可以增大光纤柔性，即可以减小光纤轴向刚度。当光纤轴向受力时，光纤的轴向变形量将加大。对螺旋微结构的影响因素主要为螺距和槽深，螺距 p 可由转速 ω 和进给速度 v 决定，即 $p=v/\omega$；而槽深主要由激光能量决定。由于激光光斑大小为 18μm，最小螺距需要大于 20μm，则螺距最小设置为 30μm，最大设置为 152μm，当螺距大于 152μm 时，螺距过大，对增大光纤柔性作用不大。因此，螺旋微结构的螺距选取范围为 30～152μm，在此范围内光纤的可拉伸性增长较大。

旋转夹具的稳定转速保持在 12r/min，若转速过小，则加工效率低；若转速过大，则光纤夹持铜管容易发生径向跳动，从而影响光纤的加工精度。同时结合螺旋微结构拉伸仿真结果，图 5.16 为螺距 30μm 的单螺旋微结构表面形貌，加工能量为 20μJ，由图可看出相邻两个螺距之间的距离非常窄。若加工 10mm 的光纤，则消耗时间为 27.7min，并且加工后的光纤在随后的操作过程中极易断裂；若加工螺距为 30μm 的双螺旋，则消耗时间接近 1h。

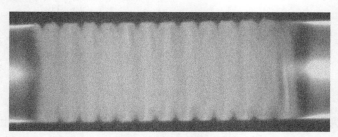

图 5.16　螺距 30μm 的单螺旋微结构表面形貌

图 5.17 为螺距为 50μm 的单螺旋微结构表面形貌，图 5.18 和图 5.19 分别为螺距为 152μm 和 60μm 的双螺旋微结构表面形貌，加工 152μm 的螺旋间距太大，对光纤增敏作用不高，因此综合加工效率及相对安全的操作性，螺距最终选择在 50～120μm。

由螺旋槽深度与光纤刚度、拉伸量的关系可知，光纤的拉伸性随着深度的增大呈指数函数增长，理论上加工的深度越大越好，然而也需要考虑到光纤的可操作性，加工深度越深，光纤越脆弱，不利于传感探头的制作，因此微槽深度最大为 35μm，最小深度为 10μm。根据加工能量与深度之间的关系，加工能量选取范围为 15～35μJ。

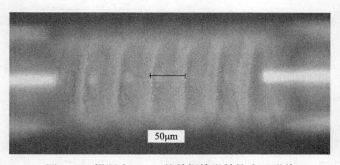

图 5.17　螺距为 50μm 的单螺旋微结构表面形貌

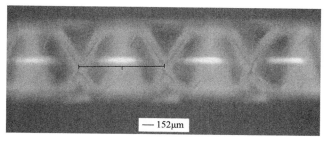

图 5.18　螺距为 152μm 双螺旋微结构表面形貌

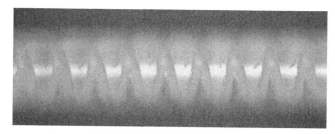

图 5.19　螺距为 60μm 的双螺旋微结构表面形貌

3. 直槽微结构加工工艺及加工参数的确定

直槽微结构采用飞秒激光在光纤表面加工均匀分布的直槽。直槽结构参数主要是直槽数量和直槽深度。直槽数量将采用 4 个、6 个、8 个，在加工直槽的过程中，直槽是逐个加工的，因此在每加工完一段 10mm 的直槽后，需要对旋转夹具设置转动 90°、60°、45°，保证在光纤表面圆周上的均匀分布。直槽深度同样不超过 35μm。图 5.20(a) 为腐蚀处理前的直槽微结构，图 5.20(b) 为腐蚀处理后的直槽微结构，由图可看出在腐蚀处理前，直槽表面存在大量的碎屑，镀膜前必须去除光纤表面的碎屑，腐蚀的方法与螺旋微结构相同。

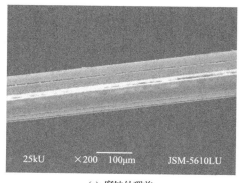

(a) 腐蚀处理前

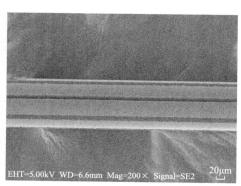

(b) 腐蚀处理后

图 5.20　腐蚀处理前和腐蚀处理后的直槽微结构

5.4　飞秒激光对 FBG 光谱影响机制及应用

对于加工螺旋微结构制作传感探头,对光纤的损伤研究是不可缺少的。飞秒激光加工光纤过程中,对光纤表面产生刻蚀,加工参数和对 FBG 加工位置的不同,对原有的光栅产生不同的影响,需要研究飞秒激光加工微结构时对光栅的影响机制。本节主要研究加工两种不同微结构 FBG 的光谱变化,即加工螺旋微结构和直槽微结构时对 FBG 光谱产生的影响[76,77]。

5.4.1　飞秒激光对螺旋微结构 FBG 光谱的影响

采用三种不同的加工方式对加工后的 FBG 进行研究,即改变激光光斑聚焦位置、改变螺距以及改变激光能量。首先采用不同的加工位置对 FBG 包层进行加工,研究 FBG 反射谱的变化规律,即在相同激光能量和相同螺距的情况下改变激光光斑聚焦位置(激光能量为 20μJ、螺距为 80μm)。在加工微结构过程中,激光光斑聚焦在 FBG 包层表面,光斑聚焦在五个不同位置:光纤包层轴线上及沿轴线横向偏移 10μm、20μm、30μm、40μm 处。其次改变微结构螺距,设计在相同能量和相同加工位置时,制作五种不同螺距的光栅光纤(激光能量为 20μJ,聚焦位置为光纤纤芯),螺距为 60μm、70μm、80μm、90μm 和 100μm。最后采用相同螺距和相同加工位置(螺距为 80μm,聚焦位置为光纤纤芯)、不同激光能量加工 FBG,激光能量分别为 14μJ、16μJ、18μJ、20μJ、22μJ、25μJ、30μJ。样品参数如表 5.8 所示,表中样品编号含义为:S 代表单螺旋微结构 FBG;SS 代表交叉螺旋微结构 FBG。

表 5.8　样品参数

| 样品 | S-1 | S-2 | S-3 | S-4 | S-5 | S-6 | S-7 |
	SS-1	SS-2	SS-3	SS-4	SS-5	SS-6	SS-7
螺距/μm	80	80	80	80	80	80	80
能量/μJ	14	16	18	20	22	25	30
偏移量/μm	0	0	0	0	0	0	0
样品	S-8	S-9	S-10	S-11	S-12	S-13	S-14
	SS-8	SS-9	SS-10	SS-11	SS-12	SS-13	SS-14
螺距/μm	20	20	20	20	20	20	20
能量/μJ	60	70	90	100	80	80	80
偏移量/μm	0	0	0	0	10	20	30

图 5.21 为螺旋微结构样品加工前、后 FBG 光谱，光谱最直接的变化就是中心波长发生漂移及反射谱带宽发生改变。图 5.21 中实线表示飞秒激光加工前 FBG

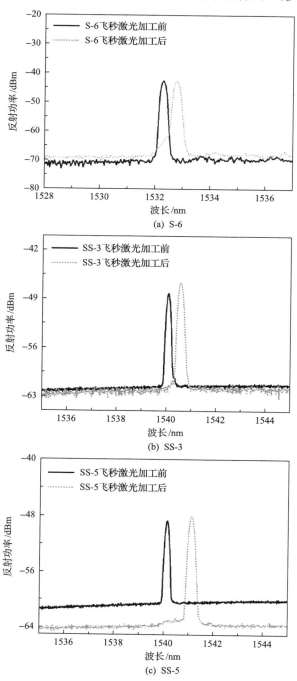

(a) S-6

(b) SS-3

(c) SS-5

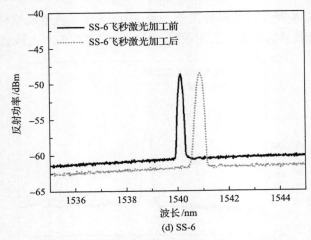

(d) SS-6

图 5.21　螺旋微结构样品加工前、后 FBG 光谱

反射谱，虚线表示飞秒激光加工后 FBG 反射谱。由图 5.21(a)可以看出，样品 S-6 中心波长发生了漂移，整个波形并没有发生明显的改变。由图 5.21(b)可以看出，样品 SS-3 中心波长的漂移量更大，并且整个波形也有明显的变化。

图 5.22 为单螺旋微结构和双螺旋微结构加工后 FBG 中心波长漂移量和带宽变化量对比。激光功率分别在 14mW、16mW、18mW、20mW、22mW、25mW 和 30mW 下，双螺旋微结构 FBG 中心波长漂移量分别为 0.36nm、0.4nm、0.44nm、0.52nm、0.6nm、0.7nm 和 1nm，单螺旋微结构 FBG 中心波长漂移量分别为 0.16nm、0.3nm、0.32nm、0.44nm、0.5nm、0.56nm 和 0.7nm。明显可以看出，随着激光功率的增大，中心波长漂移量也相应地增大，并且在相同激光功率下，双螺旋微结构的中心波长漂移量明显大于单螺旋微结构的中心波长漂移量。图 5.22(b)为加

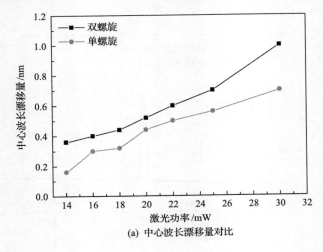

(a) 中心波长漂移量对比

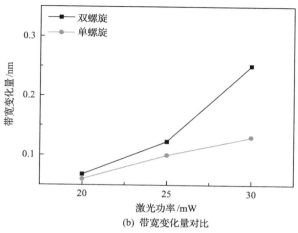

(b) 带宽变化量对比

图 5.22　单螺旋微结构和双螺旋微结构加工后 FBG 中心波长漂移量和带宽变化量对比

工后微结构 FBG 的带宽变化量，双螺旋微结构 FBG 的带宽增加量在 20mW、25mW 和 30mW 激光能量下分别为 0.068nm、0.123nm 和 0.251nm，单螺旋微结构 FBG 的带宽增加量分别为 0.06nm、0.1nm 和 0.13nm。双螺旋微结构和单螺旋微结构带宽变化量有同样的变化趋势，并且双螺旋微结构的带宽变化量更大。

　　图 5.23（a）为不同螺距下，飞秒激光加工后单/双螺旋微结构 FBG 中心波长漂移量的变化。在螺距分别为 60μm、70μm、80μm、90μm 和 100μm 下，双螺旋微结构 FBG 中心波长的漂移量分别为 0.64nm、0.54nm、0.44nm、0.36nm 和 0.2nm，单螺旋微结构 FBG 中心波长的漂移量分别为 0.42nm、0.36nm、0.32nm、0.24nm 和 0.12nm；随着螺距的增加，单/双螺旋微结构 FBG 中心波长呈现降低的变化趋势。图 5.23（b）为不同偏心距下飞秒激光加工后单/双螺旋微结构 FBG 中心波长漂移量的变化，在偏心距分别为 0μm、10μm、20μm、30μm 和 40μm 下，双螺旋微结构 FBG 中心波长漂移量分别为 0.56nm、0.52nm、0.44nm、0.36nm 和 0.3nm，单螺旋微结构 FBG 中心波长漂移量分别为 0.48nm、0.4nm、0.36nm、0.32nm、0.24nm。单/双螺旋微结构 FBG 中心波长漂移量都随着偏心距的增大而减小，双螺旋微结构 FBG 中心波长漂移量的变化更大。

　　以上是在加工完微结构后 FBG 光谱的变化情况，为了观察光谱在加工过程中的变化，通过光谱仪在线观测 FBG 光谱变化，整个设备在线观测连接装置示意图如图 5.24 所示。在线观测加工过程中光谱的变化，FBG 反射光通过耦合器连接光谱仪的输入端口，由于加工微结构是旋转运动，为了不影响加工效果，在加工过程中选取五个加工位置观测 FBG 反射谱，即在整个 10mm 的 FBG 长度范围内选取五个等分点位置，当加工到当前位置时，记录下当前的 FBG 反射谱，在整个加工结束时，共记录五个 FBG 反射谱，这五个 FBG 反射谱基本上可以反映在加工过程中 FBG 光谱的变化规律。

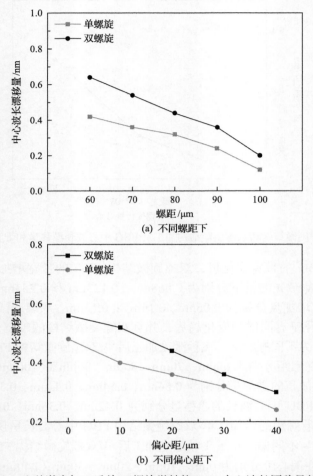

(a) 不同螺距下

(b) 不同偏心距下

图 5.23　飞秒激光加工后单/双螺旋微结构 FBG 中心波长漂移量的变化

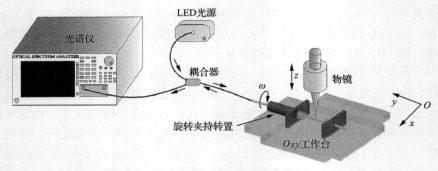

图 5.24　在线观测连接装置示意图

选取原始中心波长为 1548.8nm 的 FBG 作为测试样品，加工的激光能量为 20μJ，螺距设置为 90μm，微加工过程中 FBG 反射谱变化如图 5.25 所示。最后一个反射谱的中心波长为 1549.18nm，原始的波形和最后加工结束时的波形基本没有变化，但整个中心波长向长波方向漂移了 0.38nm，在加工过程中，波形发生了较大的变化。当加工了 2.5mm 时，FBG 反射谱变化如图 5.25 中点线所示，光谱的底部变宽，在左边峰尖右侧逐渐形成了一个低峰；当加工了 5mm 时，如图 5.25 中双点划线所示，右边峰慢慢增大，出现了类似啁啾光谱的图像，带宽基本增大了一倍；当加工了 7.5mm 时，如图 5.25 中点划线所示，左边峰尖逐渐降低，右边峰尖位置基本不变，出现左低右高的阶梯峰；最后加工结束时，左边峰尖消失，右边峰尖形成，带宽增大了 0.1nm。

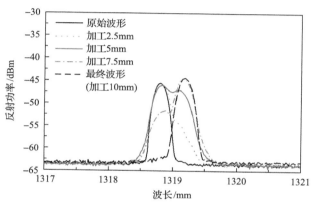

图 5.25　微加工过程中 FBG 反射谱变化

5.4.2　飞秒激光对直槽微结构 FBG 光谱的影响

飞秒激光在 FBG 包层加工直槽微结构时，加工参数包括激光能量、扫描速度和直槽数量。在直槽加工过程中没有旋转运动，因此整个加工过程中光谱的变化都可以在线观测。直槽微结构样品参数如表 5.9 所示，L 代表直槽。

表 5.9　直槽微结构样品参数

样品	L-1	L-2	L-3	L-4	L-5	L-6
扫描速度/(mm/min)	5	5	5	5	5	3
激光能量/μJ	14	18	22	30	35	18
直槽数量/个	6	6	6	6	6	6
样品	L-7	L-8	L-9	L-10	L-11	—
扫描速度/(mm/min)	4	6	7	5	5	—
激光能量/μJ	18	18	18	18	18	—
直槽数量/个	6	6	6	4	8	—

图 5.26 为加工前、后的直槽微结构 FBG 反射谱变化情况，由图可看出，波形没有发生变化，中心波长向长波方向发生了漂移。图 5.27 给出了中心波长漂移量与激光能量、扫描速度和直槽数量之间的关系。

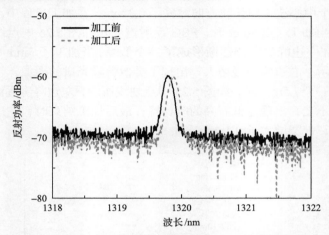

图 5.26　加工前、后的直槽微结构 FBG 反射谱变化情况

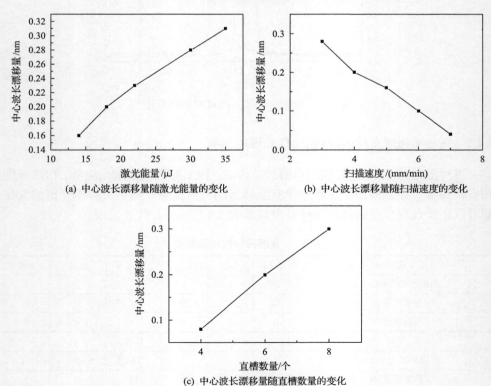

(a) 中心波长漂移量随激光能量的变化　　　　　　(b) 中心波长漂移量随扫描速度的变化

(c) 中心波长漂移量随直槽数量的变化

图 5.27　中心波长漂移量与激光能量、扫描速度和直槽数量的关系

由图 5.27(a)可知，随着激光能量的增大，中心波长漂移量也随之增大。由图 5.27(b)可以看出，扫描速度越大，中心波长漂移量的变化越小。图 5.27(c)说明直槽数量越多，中心波长漂移量越大。总体上，中心波长及带宽的变化量随着激光能量的增大而变大，与加工螺旋微结构基本相同。

5.4.3　波长及宽带变化原因分析

FBG 中心波长 λ_B 主要是由纤芯有效折射率 n_{eff} 及栅距 Λ 决定的，根据布拉格波长谐振匹配条件为

$$\lambda_B = 2n_{eff}\Lambda \tag{5.14}$$

由于激光光斑聚焦在光纤表面，飞秒激光与物质相互作用时具有高度的非线性，一般不会对聚焦区域外的物质产生作用，但是由于飞秒激光具有一定的焦深，除去刻蚀部分，对光纤的纤芯也有可能辐射到，纤芯有效折射率有可能产生一定的变化。还有一种可能就是栅距发生变化，飞秒激光刻蚀光纤表面，在表面产生沟槽，沟槽形状呈现高斯分布，在底部的应力最集中，从而影响纤芯部分的应力分布，导致栅距的变化。

在不考虑栅距变化的情况下，对于改变激光能量对光谱的影响，激光能量越大，纤芯被辐射的激光能量就越多，导致的折射率变化越大，最终中心波长漂移量越大。对于改变螺距对中心波长的影响，可以认为是螺距越大，扫描速度越快，单位时间辐照的激光能量越少，因此产生的折射率变化越小，中心波长漂移量及带宽都随着螺距的增大而减小。对于改变偏心距的情况，激光越偏离纤芯，被照射的能量越小，由此产生的中心波长偏移量就越小。

光栅带宽 $\Delta\lambda_0$ 可由光波导耦合理论得出[78]

$$\Delta\lambda_0 = \frac{\lambda_B s\overline{\delta n}_{eff}}{n_{eff}}\sqrt{1+\left(\frac{\lambda_B}{s\overline{\delta n}_{eff}L}\right)^2} \tag{5.15}$$

式中，L 为光栅长度；$\overline{\delta n}_{eff}$ 为折射率调制量；s 为与折射率调制量有关的条纹可见度，通常由光栅的反射率大小而定(在 $1 \sim 0.5$ 取值，强光栅取 $s=1$，弱光栅取 $s=0.5$)。

所用的光栅为强光栅，因此光栅带宽 $\Delta\lambda_0$ 可近似为

$$\Delta\lambda_0 \approx \lambda_B\frac{\overline{\delta n}_{eff}}{n_{eff}} \tag{5.16}$$

根据式 (5.16)，FBG 的带宽 $\Delta\lambda_0$ 由中心波长 λ_B、纤芯有效折射率 n_{eff} 以及折射率调制量 $\overline{\delta n}_{eff}$ 决定。对于实验中的光栅，光栅长度不变，纤芯有效折射率不变，改变的唯一原因就是折射率调制量 $\overline{\delta n}_{eff}$ 发生了改变，从而可以进一步印证中心波长变大的其中一个原因就是由飞秒激光导致纤芯的折射率发生变化。通常，折射率调制量越大，带宽就越大，这可以通过数值仿真或者计算方式验证。例如，采用如下参数进行数值仿真，对于 FBG，长度设置为 10mm，纤芯有效折射率为 n_{eff}=1.445，折射率调制量为 $\overline{\delta n}_{eff}$=$1\times10^{-4}$、$1.4\times10^{-4}$，栅距为 Λ=0.4564μm。不同中心波长下折射率调制量对应的反射谱如图 5.28 所示，实线为折射率调制量为 1×10^{-4} 时的反射谱，虚线为折射率调制量为 1.4×10^{-4} 的反射谱，可以明显地看出，折射率调制量大的 FBG 的中心波长和带宽明显更大，这也和实际的 FBG 相一致。同时 FBG 的反射率也加大了，FBG 的反射率 R 可以表示为

$$R = \frac{\sinh^2\sqrt{(\kappa L)^2-(\zeta^+ L)^2}}{\cosh^2\sqrt{(\kappa L)^2-(\zeta^+ L)^2}-\dfrac{\zeta^{+2}}{\kappa^2}} \tag{5.17}$$

式中，ζ^+ 为直流耦合系数；κ 为交流耦合系数。

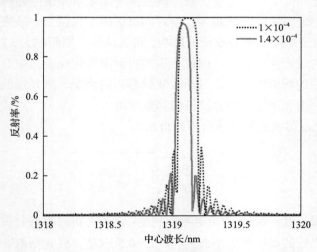

图 5.28　不同中心波长下折射率调制量对应的反射谱

对于均匀 FBG，当 ζ^+=0 时，最大反射率 R_{max} 为

$$R_{max} = \frac{\sinh^2\sqrt{(\kappa L)^2-(\zeta^+ L)^2}}{\cosh^2\sqrt{(\kappa L)^2-(\zeta^+ L)^2}} = \tanh\sqrt{(\kappa L)^2} = \tanh(\kappa L) \tag{5.18}$$

式中，

$$\kappa = \frac{\pi}{\lambda} s \overline{\delta n}_{\mathrm{eff}}$$ (5.19)

对于强光栅，设 $s=1$，最大反射率 $R_{\max}$ 为

$$R_{\max} = \tanh \frac{\pi}{\lambda} \overline{\delta n}_{\mathrm{eff}} L$$ (5.20)

双曲正切函数最大反射率 $R_{\max}$ 随着折射率调制量的变大而变大，这一现象也符合在实际加工过程中刻蚀直槽时，可以观察到 FBG 反射功率有增大的现象。在此推断出飞秒激光刻蚀微结构时，飞秒激光对纤芯有效折射率的影响是光谱发生变化的主要原因，但是这并不能排除应力变化对栅距产生的影响。

5.4.4　基于飞秒激光后处理加工的相移光纤光栅

相移光纤光栅(phase-shifted fiber grating, PSFBG)是在均匀调制折射率的光纤光栅中，在某个或者多个位置上发生了相位的变化，在反射谱表现为出现了一个或者多个窄带窗口。由于 PSFBG 具有高的波长选择性，通常应用在波长解复用器、增益平坦光纤光栅、分布式反馈光纤激光器及传感器中。

目前，PSFBG 的制作方式有多种，最早是 Kashyap 采用相移相位掩膜版用紫外激光在光纤上直接刻写 PSFBG，随后 Canning 采用了紫外激光后处理光纤布拉格光栅方式制作了 π PSFBG，这种方法通过紫外激光照射布拉格光栅的中部，使得光栅的中部折射率提高，从而引入了相移，但是这种方法消耗时间很长，通常需要一个小时。随着超高功率激光的发展，不少学者采用飞秒激光结合相位掩膜版的方法制作了 PSFBG，通常一个相位掩膜版不能制作不同波长的 PSFBG。除此之外，也有其他一些后处理的方法制作 PSFBG，例如，采用局部放电的方法擦除光栅的局部折射率，从而引入相移，但是这种方法制作的 PSFBG 不稳定，当有外部干扰时，相移点发生波动或者消失。采用飞秒激光后处理加工的方式制作 PSFBG 是一种比较便利的方法，能够制作不同波长的 PSFBG，并且用时短，只需要 150s。

采用的标准 FBG 是用紫外激光辅助相位掩膜版刻写的光纤光栅，光栅长度为 10mm，波长范围在 1290～1325nm。然后用刀片去除光栅段的涂覆层，最后用光纤夹具把光纤装夹固定，安装在三维工作台上。在辅助旋转夹具的配合下，用飞秒激光在 FBG 的中间段照射，同时光纤进行旋转运动，激光照射的长度设置为 1～4mm，照射位置处于光纤光栅的中间部位。由于飞秒激光的照射，在光纤的纤芯引起了周期性折射率的调制，从而引入了 π PSFBG，飞秒激光后处理加工实验简

图如图 5.29 所示。

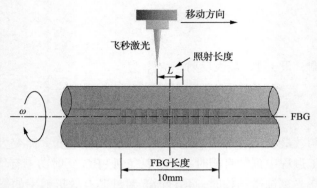

图 5.29　飞秒激光后处理加工实验简图

相移光栅的形成是由光栅折射率的突变引起的，可以根据传输矩阵方法分析相移光栅的光谱特性。对于 PSFBG，折射率调制量 $\Delta n_{\text{eff}}(z)$ 分布为

$$\Delta n_{\text{eff}}(z) = \overline{\Delta n_{\text{eff}}}(z) \left[1 + s \cos\left(\frac{2\pi}{\varLambda} + \phi_i(z) \right) \right] \tag{5.21}$$

式中，$\phi_i(z)$ 为光栅周期的相移量；z 为沿光纤的纵向距离；$\overline{\Delta n_{\text{eff}}}(z)$ 为光栅周期的平均折射率变化，沿光栅长度 z 方向缓慢变化，又称光栅的慢变包络，通常为 $10^{-5} \sim 10^{-3}$ 量级，对应于光纤光栅的切趾函数。

图 5.30 为 FBG 的传输模式，一个相移点的折射率分布在 z 方向有一个 π 相移点，对于非均匀光纤光栅，求解光栅的传输模式采用传输矩阵方法比较方便。FBG 传输模式中有向前传输和向后传输两种模式，z_i 为输入口，z_{i+1} 为输出口，$A(z_i)$ 和 $B(z_i)$ 表示向前传输和向后传输模式的初始振幅，$A(z_{i+1})$ 和 $B(z_{i+1})$ 表示向前传输和向后传输模式的输出量，它们之间的关系可通过模式的耦合理论相关联。通常把光栅分为 n 段，每一段看成均匀的光纤光栅，每段的传输矩阵分别为 $F_1, F_2, \cdots, F_n$，则有

$$F = F_1 F_2 \cdots F_n \tag{5.22}$$

若光纤有 M 个相移点，可以把它看成由 $M+1$ 段周期相同但有相移的光栅连接而成，前一段的输出可以看成后一段的输入，总的输入和输出之间的关系为

$$\begin{bmatrix} A(z_{i+1}) \\ B(z_{i+1}) \end{bmatrix} = F_{M+1} F_M \cdots F_i \cdots F_1 \begin{bmatrix} A(z_1) \\ B(z_1) \end{bmatrix} \tag{5.23}$$

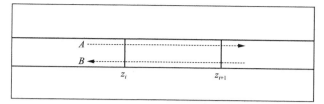

图 5.30　FBG 的传输模式

由欧拉公式得

$$\cos\left(\frac{2\pi}{\Lambda}+\phi_i\right)=\frac{1}{2}\left[e^{j\left(\frac{2\pi}{\Lambda}+\phi_i\right)}+e^{-j\left(\frac{2\pi}{\Lambda}+\phi_i\right)}\right]\tag{5.24}$$

式中，ϕ_i 为第 i 个相移点相移量。

由耦合理论得出耦合模微分方程为

$$\frac{\mathrm{d}A}{\mathrm{d}z}=j\kappa Be^{j(-2\delta_z+\phi_i)}\tag{5.25}$$

$$\frac{\mathrm{d}B}{\mathrm{d}z}=-j\kappa^*Be^{j(2\delta_z-\phi_i)}\tag{5.26}$$

式中，κ 和 κ^* 为耦合系数；A 为前行模振幅；B 为后行模振幅；δ_z 为布拉格共振失谐量。

可得解为

$$\begin{bmatrix}A(z_{i+1})\\B(z_{i+1})\end{bmatrix}=F_{z_iz_{i+1}}\begin{bmatrix}A(z_i)\\B(z_i)\end{bmatrix}\tag{5.27}$$

式中，传输矩阵 $F_{z_iz_{i+1}}$ 为

$$F_{z_iz_{i+1}}=\begin{bmatrix}s_{11}&s_{12}\\s_{21}&s_{22}\end{bmatrix}\tag{5.28}$$

其中，

$$s_{11}=\left\{\cosh\left[s(z_{i+1}-z_i)\right]+j\frac{\delta}{s}\sinh\left[s(z_{i+1}-z_i)\right]\right\}e^{-j\delta(z_{i+1}-z_i)}\tag{5.29}$$

$$s_{12}=j\frac{\kappa}{s}\sinh\left[s(z_{i+1}-z_i)\right]e^{-j\delta(z_{i+1}+z_i)}e^{j\phi_i}\tag{5.30}$$

$$s_{21}=-j\frac{\kappa}{s}\sinh\left[s(z_{i+1}-z_i)\right]e^{j\delta(z_{i+1}+z_i)}e^{-j\phi_i}\tag{5.31}$$

$$s_{22} = \left\{ \cosh\left[s(z_{i+1}-z_i)\right] - j\frac{\delta}{s}\sinh\left[s(z_{i+1}-z_i)\right] \right\} e^{j\delta(z_{i+1}-z_i)} \qquad (5.32)$$

飞秒激光加工相移光栅的加工参数：单脉冲能量为 15μJ、扫描速度为 1mm/min、中心长度为 2.5mm，得到的典型光谱如图 5.31 所示。图中显示了经过激光加工后相移光栅的反射波形、透射波形以及 FBG 加工之前的原始波形，可以明显地看出在透射谱中出现了一个透射峰，透射带宽约 100pm，透射损耗约 7dB，透射峰的波长为 1319.82nm。

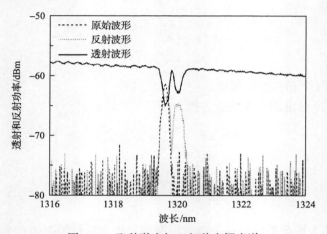

图 5.31　飞秒激光加工相移光栅光谱

飞秒激光加工光纤光栅折射率分布模型如图 5.32(a)所示，相移光栅透射谱仿真结果如图 5.32(b)所示，图中实线代表折射率调制量为 4×10^{-4}，圆点线代表折射率调制量为 6×10^{-4}。

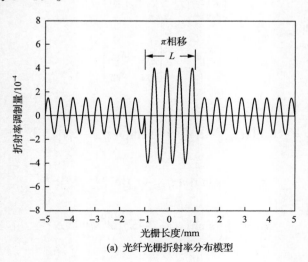

(a) 光纤光栅折射率分布模型

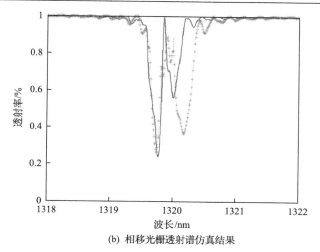

(b) 相移光栅透射谱仿真结果

图 5.32　飞秒激光加工光纤光栅折射率分布模型和相移光栅透射谱仿真结果

由图 5.32(a)可知，光栅中间部分由于受到了飞秒激光的照射，产生了周期性的折射率变化。将光栅分为三段，飞秒激光照射引起的折射率变化将叠加在原来紫外激光照射产生的折射率上，因此中间段光栅的折射率将变大，由于飞秒激光产生的折射率变化量远大于紫外激光照射引起的折射率变化量，光纤被飞秒激光照射后产生的折射率变化量为 $10^{-4} \sim 10^{-3}$[79]，将光栅中间部分折射率改变量设置为 4×10^{-4} 和 6×10^{-4}，左右两段的折射率不变。采用 MATLAB 数值计算方法仿真该模型的透射谱。采用的数值方法为传输矩阵法，采用的仿真参数为：纤芯有效折射率 $n_{\text{eff}} = 1.445$、初始折射率调制量 $\Delta n = 1.5 \times 10^{-4}$、相移 $\varphi = \pi$、中间光栅长度 $L = 2.5\text{mm}$，相移光栅透射谱仿真结果如图 5.32(b)所示。

图 5.31 中的透射波形(实线)与图 5.32(b)的理论仿真结果(实线)匹配很好，可以推断出理论模型的合理性。若将中间部分光栅的折射率调制量变大，则仿真结果如图 5.32(b)中圆点线所示，在透射谱中，出现了两个透射峰，并且右边的损耗峰波长向长波方向漂移，透射峰的带宽变大，由于折射率调制量的变大，透射谱将出现两个或者多峰现象。

为了进一步研究飞秒激光能量、照射光栅的长度以及扫描速度对加工相移光栅的影响，首先改变中间光栅的照射长度。图 5.33(a) ～(c)为三个样品的透射谱，三个样品都使用了相同的激光辐照能量 15μJ 及扫描速度 1.5mm/min，不同的是中间照射长度发生了改变，图中虚线表示原始 FBG 透射谱，实线表示加工后的光栅透射谱。由图 5.33 可以看出，随着中间光栅长度的增大，左边双列直插式封装(dual inline-pin package，DIP)透射损耗逐渐减小，并且右边 DIP 波长逐渐变大。当中间光栅照射长度分别为 2mm、3mm 和 3.5mm 时，两个峰之间的宽度分别为 0.4nm、0.48nm 和 0.78nm。持续增加的宽度是由折射率调制量的逐渐变大导致的，由于长度的增加，辐照的时间变长，在中间部分的折射率增加量变大。如图 5.33(d)所示,透射损耗随着照射长度的增加依次减小,分别为 9dB、7dB 和 6dB。由此可以推断透射能量是随着耦合能量的减小而减小的。在加工过程中，接近于纤芯的部分包层被激光照射，部分包层的折射率也将变大，因此一些纤芯模耦合进包层模被消耗掉。随着照射长度的变大，耦合能量消耗越多，导致透射损耗降低。也存在另外一种解释，透射损耗的降低是由负的折射率改变导致的，超高功率的飞秒激光在光纤中产生了负的折射率。负的折射率将会使得透射 DIP 向短波方向漂移，而本实验中没有出现这种现象，相反是向长波方向漂移。不同的现象可能是由加工设备、加工参数的不一致和实验方法不同而引起的。其中关于折射率的改变，不同的激光能量将引起不同折射率的改变，包括折射率大小及正负的不同。

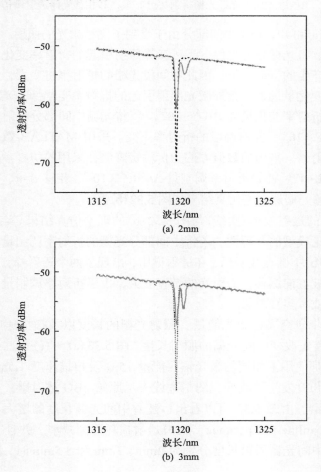

(a) 2mm

(b) 3mm

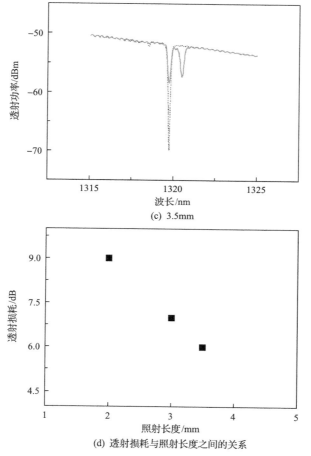

(c) 3.5mm

(d) 透射损耗与照射长度之间的关系

图 5.33　不同加工长度下相移光栅的透射谱、透射损耗与照射长度之间的关系

　　另外发现，当照射长度太短或者照射长度太长时，在光栅中间并没有引入相移，光栅透射谱没有出现应有的透射峰。当照射长度小于 0.5mm 时，没有相移产生，原因是长度太短，产生的折射率调制量比较低，即使提高激光能量，也不能产生相移。同时，若照射长度太长，即当长度大于 3.7mm 时，则也不能产生相移。这个现象解释如下：被照射区域可以看成一个类似 F-P 干涉腔，长度太短或者太长，纤芯膜没有满足相位匹配条件，因此不能产生相移。

　　激光能量极大地影响了相移光栅制作的质量，对激光能量与相移光栅制作之间的关系进行研究发现，波长漂移量和透射深度都随着激光能量的变化而发生改变，主要是由激光能量的变化引起折射率调制量的变化。图 5.34(a) 显示了扫描速度为 0.25~1mm/min 下不同激光功率(15mW、20mW)对应的相移光栅的透射谱，当激光功率为 20mW 时，透射峰波长向长波方向漂移。若持续增大激光能量(如使用低扫描速度 0.25mm/min)，则光栅将会出现多峰现象，如图 5.34(b)和(c)所示，出现了三个和四个反射峰，并且波长漂移量变得很大，左、右两个峰的间距约为 1.8nm和 1.64nm。多峰现象的出现是大折射率的调制量及相移引入综合导致的。

　　激光扫描速度对相移光栅的影响如图 5.35 所示，扫描速度分别为 0.5mm/min、1mm/min 和 1.5mm/min，照射中心光栅的长度和激光的能量分别为 2.5mm 和 15μJ。由图可以看出，右峰向长波方向的漂移量及透射深度随着扫描速度的增大而减小。由图 5.35(c)可以看出，相移透射峰非常浅，原因同样是激光能量与折射率之间的关系，即扫描速度的增大，使得单位时间照射在纤芯的激光能量减小，从而纤芯折射率调制量减小。若扫描速度过高，则纤芯辐照的激光能量就很少，产生的折射率变化量很低。总之，用飞秒激光加工质量较好的相移光栅，需要选择合适的激光能量、扫描速度及照射的光栅长度。根据大量的实验数据得出，最佳的辐照长度约为光栅长度的 1/4，激光能量设置在 15～20μJ。

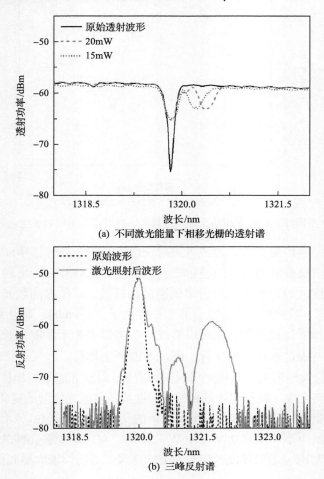

(a) 不同激光能量下相移光栅的透射谱

(b) 三峰反射谱

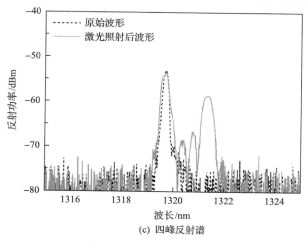

(c) 四峰反射谱

图 5.34　不同激光能量下相移光栅的透射谱、反射谱

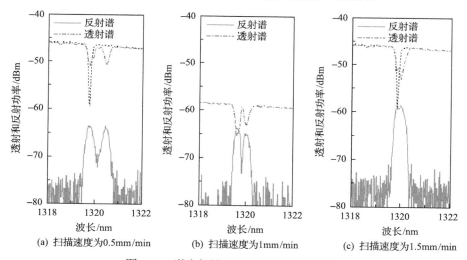

(a) 扫描速度为0.5mm/min　　(b) 扫描速度为1mm/min　　(c) 扫描速度为1.5mm/min

图 5.35　激光扫描速度对相移光栅的影响

　　图 5.36 为在相同的加工参数情况下三个不同初始中心波长的 FBG 经过飞秒激光加工后的 PSFBG 光谱。加工参数为：激光能量 15μJ、扫描速度 1/min、照射长度 2.5mm。由图 5.36(a)～(c)可以看出，三个样品基本上有着相同的带宽，分别为 98pm、100pm 和 101pm，两个峰尖之间的距离分别为 420nm、440nm 和 450nm。结果表明，使用飞秒激光加工相移光栅具有较好的重复性，每个样品的加工时间 $t = l/v = 2.5$min，因此与 UV 激光和电弧放电技术加工的相移光纤光栅相比，飞秒激光后处理加工的效率更高。

　　对于其他的后处理制作 PSFBG 的方法，如外部压力法、温度技术及电弧放电技术，相移点容易受到外部干扰而消失或者不能稳定地存在，特别是在高温环

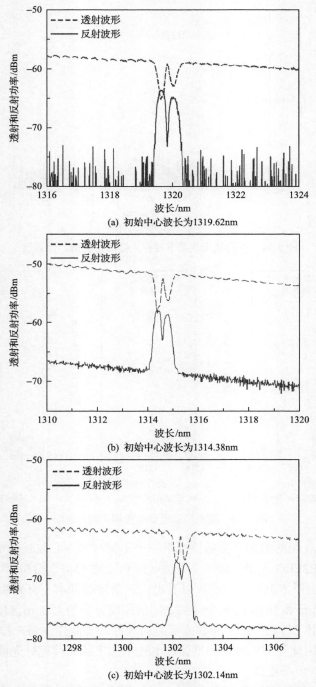

(a) 初始中心波长为1319.62nm

(b) 初始中心波长为1314.38nm

(c) 初始中心波长为1302.14nm

图 5.36　相同的加工参数情况下三个不同初始中心波长的 FBG 经过
飞秒激光加工后的 PSFBG 光谱

境中。为了测试飞秒激光制作的 PSFBG 的高温稳定性,测试了 PSFBG 样品在 25～500℃的稳定特性。首先把 PSFBG 放入温度箱中,设置温度从 25℃上升至 300℃,然后保持 300℃数小时。如图 5.37 所示,在温度升高和保温的过程中,相移点及左、右两峰间距没有发生变化。发生功率的波动是由外部连接的光纤耦合器发生的插入损耗或者干扰引起的。对应原始温度 25℃、110℃、180℃、300℃以及恢复温度 25℃时,反射峰谷底波长分别为 1319.72nm、1320.62nm、1321.26nm、1322.5nm 和 1319.72nm,温度灵敏度约为 10pm/℃。由飞秒激光引起的光纤永久折射率的改变能稳定在 800℃以下。当温度处于 500℃时,UV 激光刻写的 FBG 发生极大的退化,通常只能稳定存在于 300℃以下。因此,PSFBG 能够稳定存在于 300℃以下的温度环境中,当温度从 300℃升高到 500℃时,通过图 5.37(b)可以观察到 PSFBG 发生了一定的退化。然而,相移点仍然稳定存在并且位置没有发生改变,光谱的退化原因是 UV 激光产生的色心消失和内应力释放。

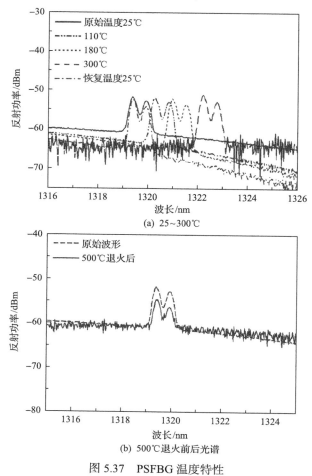

(a) 25~300℃

(b) 500℃退火前后光谱

图 5.37　PSFBG 温度特性

5.5　微结构 FBG 传感器制备

1. 螺旋微结构制备

根据微结构加工工艺参数的优化，设置了螺距为 60μm、90μm 和 120μm 的三种螺距，采用激光功率为 25mW、30mW、35mW，为了在加工过程中不过多地影响 FBG 光谱，采用偏心 20μm 方式加工螺旋微结构[34]。

2. Pd-Ag 和 Pd-Ni 薄膜制备

微结构加工完成后，所有的样品放入氢氟酸中去除表面杂质颗粒，随后在烘箱中烘干，最后把所有样品放置在一个简易夹具上，将夹具放入镀膜室进行镀膜。溅射镀膜系统采用德国 BESTECH 磁控溅射设备，配备直流溅射源和 RF 溅射源，设备腔体内部放置了石英晶体振荡器，可以对溅射颗粒的沉积速率进行实时监测，这样可以对沉积厚度进行控制[80]。样品放入两个靶位的正下方，相距约 15cm，同时在里面放置了两块 10mm×10mm 的硅片，用于后期测试镀膜的实际厚度及表征钯合金的元素比例。

1）Pd-Ag 薄膜制备

为了增强钯与光纤表面的结合力，首先在光纤表面溅射一层 20nm 厚的 Ni 膜，然后根据需求在光纤侧面共溅射 250nm 的厚度，为了尽量使得镀膜均匀，在一侧溅射完成后，把所有样品翻转 180°，然后继续溅射相同厚度的薄膜[81]，这样可以基本上保证光纤表面镀膜厚度在 500nm。根据不同的钯银比例含量调节两个溅射源的功率大小，钯银比例设置为 Pd：Ag=4：1。在光纤一侧共溅射 Pd-Ag 薄膜 250nm，为了确保镀膜的均匀性，镀完 250nm 后，把所有样品翻转 180°，然后继续镀 250nm。这样可基本保证光纤表面镀膜厚度在 520nm。镀膜机内部气压设置在 0.5Pa，Pd 靶位和 Ag 靶位的镀膜功率分别为 125W 和 80W，相应的溅射速率分别为 1.8Å/s 和 0.5Å/s。溅射完成后，钯银合金的原子比例约为 80：20，使用能谱仪（energy dispersive spectrometer，EDS）测试钯银比例含量，采用德国蔡司场发射扫描电子显微镜（型号为 Zeiss Ultra Plus）观测微结构表面形貌。

镀膜后双螺旋微结构和单螺旋微结构的表面形貌如图 5.38 所示，单/双螺旋微结构螺距均为 90μm，加工激光功率为 30mW，由图可以看出镀膜表面形貌非常平整，只有少许未腐蚀完全而残留的碎屑颗粒。图 5.38(a) 显示了镀膜之后的 Pd-Ag 薄膜表面形貌（通过德国蔡司场发射扫描电子显微镜 FE-SEM 观测），其中白色颗粒为 Ag 元素，灰色颗粒为 Pd 元素，由图可以看出钯银颗粒分布均匀，表面平整致密。图 5.38(b) 为钯银合金元素的原子比例检测结果，表明了通过磁控溅射后薄膜合金元素的实际原子比例为 Pd：Ag=80.1：19.9，很好地符合了预期 4：1 的设置要求。图 5.38(c)为单面镀膜厚度，单面厚度约为 250nm，因此双面镀膜后，膜厚度约为 500nm。

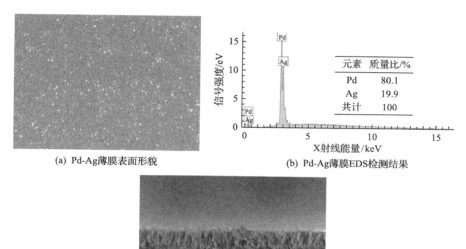

(a) Pd-Ag薄膜表面形貌　　　　　　(b) Pd-Ag薄膜EDS检测结果

元素	质量比/%
Pd	80.1
Ag	19.9
共计	100

(c) 单面镀膜厚度

图 5.38　镀膜后双螺旋微结构和单螺旋微结构的表面形貌

2) Pd-Ni 薄膜制备

镀钯镍薄膜时，把两个溅射靶位分别装上 Pd 靶材和 Ni 靶材，根据需求在光纤侧面镀制 260nm 的厚度，同样地当一侧镀制完成后，翻转继续溅射相同厚度的薄膜[82]。对 Pd-Ni 比例含量设置了两种不同的比例，分别为 Pd：Ni=85：15 和 90：10，对应靶位的溅射速率分别为 1.9Å/s 和 0.45Å/s、2Å/s 和 0.4Å/s。完成镀膜之后，使用 EDS 点扫方式测试实际钯镍比例含量，使用扫描电镜测试相应的镀膜厚度及表面形貌。图 5.39 为镀膜后螺旋微结构样品表面微观形貌，颗粒尺寸大小在 10～50μm，钯镍颗粒分布比较均匀平整。图 5.40 为 Pd-Ni 合金膜横截面形貌，该横截面形貌是通过场发射扫描电镜观测掰断镀膜硅片得到的。由图可以看出断面厚度约为 280nm，横截面形貌呈柱状条纹结构，该结构是由于颗粒的累积生长而形成的，在相邻的柱状条纹结构之间存在着微小的间隙，这些间隙将影响薄膜的性能，例如，减小薄膜的密度和高的位错密度，以及增加镀膜时产生的残余应力，这样的结构缺陷将直接影响传感器的响应特性。恰当的 Pd-Ni 原子比能够使得颗粒间有更强的结合力，以抑制一些结构缺陷，因此需要平衡好合金的比例与氢气的响应性能。

图 5.39 镀膜后螺旋微结构样品表面微观形貌

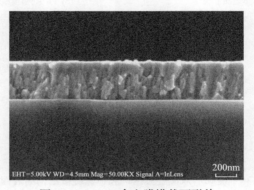

图 5.40 Pd-Ni 合金膜横截面形貌

图 5.41 为镀 Pd_4-Ag_1 膜单、双螺旋微结构氢气传感探头未进行封装的原始形貌。图 5.42 为镀 Pd-Ni 膜单螺旋微结构氢气传感探头还进行封装的原始形貌。将制备好的微结构光纤氢气传感探头进行封装，就可以进行相关氢气传感测试[81,83]。

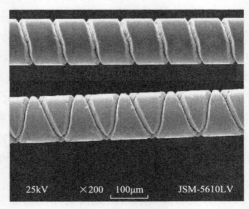

图 5.41 镀 Pd_4-Ag_1 膜单、双螺旋微结构氢气传感探头未进行封装的原始形貌

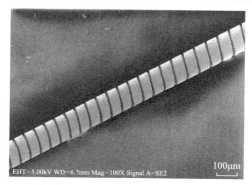

图 5.42　镀 Pd-Ni 膜单螺旋微结构氢气传感探头未进行封装的原始形貌

微结构光纤除了可制备氢气传感器，还可结合不同敏感材料制备相应传感器，如磁场传感器[84]、甲烷传感器等。光纤具有本征安全远距离传输优点，因此制备的微结构光纤传感器在石油化工、桥梁监测等领域具有广阔的应用前景。

参 考 文 献

[1] 明兴祖, 陈书涵, 严宏志. 点接触共轭曲面磨削齿轮加工. 北京: 科学出版社, 2017.

[2] 方曙光. 正交面齿轮齿面误差修正的研究. 株洲: 湖南工业大学, 2018.

[3] 明兴祖. 螺旋锥齿轮磨削界面力热耦合与表面性能生成机理研究. 长沙: 中南大学, 2010.

[4] 王红阳. 面齿轮高速铣削加工原理与齿面粗糙度研究. 株洲: 湖南工业大学, 2019.

[5] Litvin F L, Pei L G, Fuentes A, et al. Design and investigation of gear drives with non-circular gears applied for speed variation and generation of functions. Computer Methods in Applied Mechanics and Engineering, 2008, 197(45): 3783-3802.

[6] 吴训成, 毛世民, 吴序堂. 点啮合齿面主动设计研究. 机械工程学报, 2000, 36(4): 70-73.

[7] 王志永, 刘威, 曾韬, 等. 基于磨齿机的螺旋锥齿轮小轮齿形误差的在机测量. 制造技术与机床, 2015, (11): 122-126.

[8] 邓效忠, 邓静, 谢君军, 等. 汽车驱动桥曲齿锥齿轮制造技术现状及发展趋势. 机械传动, 2015, 39(6): 182-186.

[9] Klocke F, Alexander K. Tool life and productivity improvement: Through cutting parameter setting and tool design in dry high-speed bevel gear tooth cutting. Gear Technology, 2006, 23(3): 40-48.

[10] Bouzakis K D, Friderikos O, Tsiafis I. FEM-supported simulation of chip formation and flow in gear hobbing of spur and helical gears. CIRP Journal of Manufacturing Science and Technology, 2008, 1(1): 18-26.

[11] Ginting A, Nonari M. Optimal cutting conditions when dry end milling the aero-engine material Ti-6242S. Journal of Materials Processing Technology, 2007, 184(1-3): 319-324.

[12] Ho W H, Tsai J T, Lin B T, et al. Adaptive network based fuzzy inference system for prediction of surface roughness in end milling process using hybrid Tagnchi-genetic learning algorithm. Export Systems with Applications, 2009, 36(2): 3216-3222.

[13] 董世运, 徐滨士, 王志坚, 等. 激光再制造齿类零件的关键问题研究. 中国激光, 2009, 36(1): 134-138.

[14] Wang Y L, Xu S R, Hui Y L. Research on laser quenching process of 20CrMnMo gears by finite element method and experiment. International Journal of Advanced Manufacturing Technology, 2016, 87(1-4): 1013-1021.

[15] 肖勇波. 面齿轮的飞秒激光烧蚀能量模型与齿面精修工艺研究. 株洲: 湖南工业大学, 2021.

[16] 张端明, 李志华, 钟志成, 等. 脉冲激光沉积动力学原理. 北京: 科学出版社, 2011.

[17] Shi X S, Jiang L, Li X, et al. Femtosecond laser-induced periodic structure adjustments based on electron dynamics control: From subwavelength ripples to double-grating structures. Optics Letters, 2013, 38(19): 3743-3746.

[18] 蔡颂, 陈根余, 周聪, 等. 单脉冲激光烧蚀青铜砂轮等离子体物理模型研究. 光学学报, 2017, 37(4): 0414001.

[19] Cai S, Liu W H, Long S Q, et al. Research on the mechanism of particle deposit effects and process optimization of nanosecond pulsed laser truing and dressing of materials. Royal Society of Chemistry, 2021, 11: 28295-28312.

[20] Gamaly E G, Madsen N R, Duering M, et al. Ablation of metals with picosecond laser pulses: Evidence of long-lived non-equilibrium surface states. Laser and Particle Beams, 2005, 71(17): 174405.

[21] Xu X F, Gao Y F, Lv L, et al. Ultrafast dynamics in NiFe alloy thin films by two times of transient reflection. Optic, 2013, 124(20): 4667-4669.

[22] 陈良辉, 赵盛宇, 周泳全, 等. 五轴数控系统的三维曲面激光加工关键技术. 激光与光电子学进展, 2015, (52): 071406.

[23] Kaldos A, Pieper H J, Wolf E, et al. Laser machining in die making-a modern rapid tooling process. Journal of Materials Processing Tech, 2004, 155(1): 1815-1820.

[24] 董一巍, 李晓琳, 赵奇. 大型飞机研制中的若干数字化智能装配技术. 航空制造技术, 2016, (1-2): 58-63.

[25] 王福海. 航空叶片激光扫描测量规划与适应性修形技术研究. 南京: 南京航空航天大学, 2016.

[26] 郑卜祥, 姜歌东, 王文君, 等. 超快脉冲激光对钛合金的烧蚀特性与作用机理. 西安交通大学学报, 2014, 48(12): 21-28.

[27] Lv Y, Lei L Q, Sun L N. Influence of different combined severe shot peening and laser surface melting treatments on the fatigue performance of 20CrMnTi steel gear. Materials Science & Engineering A, 2016, 658: 77-85.

[28] Dai F Z, Lu J Z, Zhang Y K, et al. Surface integrity of micro-dent arrays fabricated by a novel laser shock processing on the surface of ANSI 304 stainless steel. Vacuum, 2014, 106: 69-74.

[29] Campanelli S L, Casalino G, Contuzzi N. Multi-objective optimization of laser milling of 5754 aluminum alloy. Optics & Laser Technology, 2013, 52: 48-56.

[30] Teixidor D, Ferrer I, Ciurana J, et al. Optimization of process parameters for pulsed laser milling of micro-channels on AISI H13 tool steel. Robotics and Computer-Integrated Manufacturing, 2013, 29(1): 209-218.

[31] 胡为正. 自由曲面的投影式激光振镜扫描刻蚀误差分析与工艺研究. 武汉: 华中科技大学, 2016.

[32] 丁莹, 丁烨, 曹婷婷, 等. 飞秒激光加工 K24 高温合金的仿真与实验分析. 哈尔滨工业大学学报, 2017, 49(7): 131-138.

[33] Du D, Liu X, Korn G, et al. Laser-induced breakdown by impact ionization in SiO_2 with pulse widths from 7 ns to 150 fs. Applied Physics Letters, 1994, 64(23): 3071-3073.

[34] 周贤. 微结构光纤氢气传感器的飞秒激光加工与传感性能研究. 武汉: 武汉理工大学, 2017.

[35] Zhou X, Dai Y T, Karanja J M, et al. Fabricating phase-shifted fiber Bragg grating by simple post-processing using femtosecond laser. Optical Engineering, 2017, 56(2): 027108.

[36] Zhou X, Dai Y T, Liu F F, et al. Femtosecond laser inscription of phase-shifted grating by post-processing. Optical Fiber Sensors Conference, 2017: 103231Q-1.

[37] Karanja J M, Dai Y, Zhou X, et al. Femtosecond laser ablated FBG multitrenches for magnetic field sensor application. IEEE Photonics Technology Letters, 2015, 27(16): 1717-1720.

[38] Zhou X, Dai Y T, Liu F F, et al. Highly sensitive and rapid FBG hydrogen sensor using Pt-WO_3 with different morphologies. IEEE Sensors Journal, 2018, 18(7): 2652-2658.

[39] Zhou X, Dai Y T, Karanja J M, et al. Microstructured FBG hydrogen sensor based on Pt-loaded WO_3. Optics Express, 2017, 25(8): 8777-8786.

[40] Zhou X, Dai Y T, Zou M, et al. FBG hydrogen sensor based on spiral microstructure ablated by femtosecond laser. Sensors and Actuators B—Chemical, 2016, 236(29): 392-398.

[41] Poeggel S, Duraibabu D, Lacraz A, et al. Femtosecond-laser-based inscription technique for post-fiber-bragg grating inscription in an extrinsic Fabry-Perot interferometer pressure sensor. IEEE Sensors Journal, 2016, 16(10): 3396-3402.

[42] Rao Y J, Deng M, Duan D W, et al. Micro Fabry-Perot interferometers in silica fibers machined by femtosecond laser. Optics Express, 2007, 15(21): 14123-14128.

[43] 明兴祖, 王红阳, 申警卫, 等. 面齿轮高速铣削数控加工方法研究. 机械传动, 2019, 43(4): 1-6.

[44] Ming X Z, Gao Q, Yan H Z, et al. Mathematical modeling and machining parameter optimization for the surface roughness of face gear grinding. International Journal of Advanced Manufacturing Technology, 2017, 90(9-12): 2453-2460.

[45] 明兴祖, 王红阳, 申警卫, 等. 面齿轮高速铣削齿面粗糙度建模与实验分析. 组合机床与自动化加工技术, 2020, (1): 6-9, 13.

[46] 刘金华, 明兴祖, 高钦. 基于正交实验分析的面齿轮磨削齿面粗糙度的研究. 湖南工业大学学报, 2017, 31(4): 14-19.

[47] 林嘉剑. 基于动态效应作用的飞秒激光精微修正面齿轮研究. 株洲: 湖南工业大学, 2021.

[48] 明兴祖, 方曙光, 王红阳. 面齿轮磨削齿面齿形误差修正. 中国机械工程, 2018, 29(17): 2031-2037.

[49] 明兴祖, 刘金华, 明瑞, 等. 一种面齿轮修缘高度及修缘量的确定方法: 中国. ZL201610889403.5. 2018-11-27.

[50] 明兴祖, 方曙光, 明瑞, 等. 一种高速准干式切削的冷却润滑油雾化喷洒可控装置: 中国. ZL201721534947.6. 2018-06-26.

[51] 金磊. 螺旋锥齿轮的脉冲激光精微修正机理与工艺研究. 株洲: 湖南工业大学, 2020.

[52] Cai S, Xiong W, Wang F, et al. Theory and numerical model of the properties of plasma plume isothermal expansion during nanosecond laser ablation of a bronze-bonded diamond grinding wheel. Applied Surface Science, 2019, 475: 410-420.

[53] 申警卫. 齿轮材料 18Cr2Ni4WA 脉冲激光烧蚀性能研究. 株洲: 湖南工业大学, 2020.

[54] 明兴祖, 申警卫, 金磊, 等. 脉冲激光精微烧蚀合金钢零件表面热影响研究. 应用激光, 2020, 40(1): 42-49.

[55] 蔡颂, 张阳, 龙赛琼, 等. 激光修整金刚石砂轮研究现状及展望. 包装学报, 2021, 13(6): 1-9.

[56] 明兴祖, 金磊, 申警卫, 等. 纳秒激光修正齿轮材料 20CrMnTi 的烧蚀特性. 激光与光电子学进展, 2019, 56(18): 181404.

[57] 明瑞, 申警卫, 赖名涛, 等. 面齿轮材料 18Cr2Ni4WA 的飞秒激光精微烧蚀特性研究. 激光与光电子学进展, 2021, 58(9): 0914001.

[58] 蔡颂, 熊彪, 陈根余, 等. 多脉冲激光修整青铜金刚石砂轮的表面变质层. 中国激光, 2017, 44(12): 1202001.

[59] 明兴祖, 金磊, 肖勇波, 等. 齿轮材料 20CrMnTi 的飞秒激光烧蚀特征. 光子学报, 2020, 49(12): 1214002.

[60] 严宏志, 肖蒙, 胡志安, 等. 基于 Ease-off 的螺旋锥齿轮齿面分区修形方法. 中南大学学报 (自然科学版), 2018, 49(4): 824-830.

[61] Cai S, Xiong W, Wang F, et al. Expansion property of the plasma plume for laser ablation of materials. Journal of Alloys and Compounds, 2019, 773: 1075-1088.

[62] 明瑞, 明兴祖, 肖勇波, 等. 一种螺旋锥齿轮飞秒激光加工系统: 中国. ZL201921066089.6. 2019-10-29.

[63] 明兴祖, 明瑞, 金磊, 等. 一种面齿轮精微修正方法: 中国. ZL201910615956.5. 2021-01-22.

[64] 林嘉剑, 明瑞, 李学坤, 等. 飞秒激光烧蚀面齿轮材料的形貌特征研究. 中国激光, 2021, 48(14): 1202001.

[65] 马玉龙, 明兴祖, 贾松权, 等. 飞秒激光精微加工面齿轮表面的能量耦合模型与齿面形貌研究. 激光与光电子学进展, 2022, 59(7): 0714009.

[66] 明兴祖, 赖名涛, 明瑞, 等. 基于复耦合模型的面齿轮飞秒激光加工参数影响研究. 激光与红外, 2022, 58(6): 838-848.

[67] 肖勇波, 明瑞, 赖名涛, 等. 面齿轮材料的飞秒激光烧蚀动能量热模型与齿面形貌研究. 激光与光电子学进展, 2021, 58(17): 181404.

[68] 明兴祖, 肖勇波, 刘克非, 等. 飞秒激光精修面齿轮的扫描烧蚀特征控制研究. 中国机械工程, 2021, 33 (13): 1544-1550.

[69] 明兴祖, 李学坤, 明瑞, 等. 飞秒激光烧蚀面齿轮的等离子体冲击波效应影响研究. 应用激光, 2022, 42 (3): 62-70.

[70] Cai S, Tang Y, Wan F, et al. Investigation of the multi-elemental self-absorption mechanism and experimental optimization in laser-induced breakdown spectroscopy. Journal of Analytical Atomic Spectrometry, 2020, (5): 912-926.

[71] 明兴祖, 樊滨瑞, 李楚莹, 等. 面齿轮飞秒激光精修工艺参数优化实验研究. https://kns.cnki.net/kcrms/detail/31.1339.tn20220713.1842.074.html[2022-8-12].

[72] Vilar R, Sharma S P, Almeida A, et al. Surface morphology and phase transformations of femtosecond laser-processed sapphire. Applied Surface Science, 2014, 288: 313-323.

[73] Jee Y, Becker M F, Walser R M. Laser-induced damage on single-crystal metal surfaces. Journal of the Optical Society of America B, 1988, 5 (3): 648-659.

[74] Sanner N, Utéza O, Bussiere B, et al. Measurement of femtosecond laser-induced damage and ablation thresholds in dielectrics. Applied Physics A, 2009, 94 (4): 889-897.

[75] Herman P R, Marjoribanks R S, Oettl A, et al. Laser shaping of photonic materials: Deep-ultraviolet and ultrafast lasers. Applied Surface Science, 2000, 154-155: 577-586.

[76] 周贤, 刘克非, 张欣, 等. FBG 光纤的飞秒激光刻蚀特性及传感应用. 包装学报, 2021, 13 (6): 34-41.

[77] Zhou X, Dai Y T, Liu B, et al. Feature regulation and applications of M-FBG by laser ablation. 5th Asia-Pacific Optical Sensors Conference, 2015: 965509.

[78] Erdogan T. Fiber grating spectra. Journal of Lightwave Technology, 1997, 15 (8): 1277-1294.

[79] Mishchik K, D"Amico C, Velpula P K, et al. Ultrafast laser induced electronic and structural modifications in bulk fused silica. Journal of Applied Physics, 2013, 114 (13): 133502-133514.

[80] 周贤, 杨沫, 明兴祖, 等. 不同银含量的 Pd-Ag 复合膜微结构光栅光纤氢气传感特性研究. 光子学报, 2019, 48 (8): 0806004.

[81] 周贤, 杨沫, 张文, 等. 纳米棒 Pt-WO$_3$ 微结构光纤氢气传感器. 激光与光电子学进展, 2020, 57 (21): 211405.

[82] Zhou X, Karanja J M, Yang M, et al. FBG hydrogen sensor based on Pd$_{87}$-Ni$_{13}$/Pd$_4$-Ag$_1$ thin film and femtosecond laser ablation. Integrated Ferroelectrics, 2021, 221 (1): 1-11.

[83] 周贤, 杨沫, 张文, 等. 基于飞秒激光微加工的 Pt-WO$_3$ 膜光纤氢气传感器. 中国激光, 2019, 46 (12): 1210001.

[84] 刘斌, 戴玉堂, 周贤, 等. 均分直槽微结构光纤光栅磁场传感器. 光电子·激光, 2015, 26 (10): 1860-1865.